COHERENCIA CARDÍACA

LA CONEXIÓN CON EL CABALLO

MAYTE ROGER

KOLIMA
BOOKS

Título original: *Coherencia cardíaca. La conexión con el caballo*

Primera edición: Noviembre 2025
© 2025   Editorial Kolima, Madrid
www.editorialkolima.com

Autora: Mayte Roger
Ilustraciones: Ana María Mifsut Climent
Dirección editorial: Marta Prieto Asirón
Maquetación de cubierta: David Visea
Maquetación: Carolina Hernández Alarcón

ISBN: 978-84-10209-87-9
Depósito legal: M-25534-2025
Impreso en España

«Aprender a relacionarse con un caballo
es aprender a relacionarse con la vida».

Mayte Roger

Paseando con «Bilba».

«BILBA»…

Mi ángel… la belleza de un alma pura, brillante y llena de amor…

El aprendizaje de amor de toda una vida… de lo que es ser valiente, seguir el corazón y apostar por esa sensación que te hace sentir vivo…

De lo que hay que dejar atrás, de los límites que no hay que poner y del espacio que hay que darse…

De la conexión profunda con otro ser, con la vida misma…

Mi mayor maestro de amor incondicional, amor sincero, amor auténtico, amor verdadero… El alma que me empujó a la libertad…

Un regalo del Universo, un pacto de almas, la esencia misma con la que todo cobra sentido... Mi corazón, tú, mi «Bilba», mi amor

Por ti y por todos tus compañeros

Índice

Prólogo

Querido compañero de afición,

Tienes entre tus manos una pequeña joya. Es un libro que me habría gustado tener cuando empezaba con los caballos y que me alegra tener hoy, después de toda una vida junto a ellos. Para amar de verdad algo hay que comprenderlo y, con el caballo, un ser tan distinto a nosotros, comprender exige estudiar cómo percibe, cómo siente y cómo piensa. Este libro te acompañará en ese camino.

Conocí a Mayte Roger en enero de 2022 y he realizado con ella dos cursos de coherencia cardíaca. Al principio confieso que el asunto me sonaba a «magia». Luego entendí por qué y cómo funciona y descubrí una herramienta sorprendentemente potente, no solo para estar con tu caballo, sino también para vivir mejor: en el trabajo, en familia, con los amigos y con uno mismo. La coherencia cardíaca te devuelve la llave del sistema: atención, respiración, emoción y acción alineadas. No es «magia», es ciencia.

Si tuviera que rebautizar este libro lo llamaría *Manual práctico de coherencia cardíaca con caballos*. Porque ante todo es eso, un manual para poner en marcha ya. En él vas a encontrar ejercicios sencillos, rutinas breves y una forma muy concreta de prepararse por dentro para que el caballo pueda sentirse seguro por fuera. Mayte nos explica con claridad qué es la coherencia cardíaca, cómo se entrena y por qué transforma la relación con el caballo desde la base, nuestra fisiología, nuestras emociones y la calidad de nuestra presencia. No vas a encontrar humo; son conceptos nítidos: variabilidad del ritmo cardíaco, campo electromagnético del corazón, intención, y un hilo conductor que va de la teoría a la pista, a la cuadra y al campo. El mensaje de Mayte va de corazón a corazón.

Durante años he sabido, como quizá también lo sepas tú, que la intención funciona con los caballos. No siempre podía explicarlo, pero sus reacciones no eran las mismas según fuera mi intención, la mirada que se relaja, el cuello que se suelta, la respiración que baja, la boca que masca, el pie que descarga. Este libro pone palabras, método y fundamento a esa intuición: cuando ordeno mi estado interno, el caballo lo percibe y responde. Los caballos primero sienten nuestra coherencia (o nuestra incoherencia), después miran el cuerpo y escuchan la voz. Lo que les llega antes que nada es cómo estamos de verdad.

Quiero subrayar algo que observo desde hace décadas y que en España se ha acelerado en los últimos años. Afortunadamente para el caballo, la presencia femenina en el sector ecuestre ha crecido de forma notable. Ese cambio, junto con la nueva función social del caballo, ha puesto su bienestar en el centro de la diana: salud física, por supuesto, pero también salud mental y emocional. Este libro encaja de lleno en esa cultura ecuestre actual. No sustituye a la técnica: la ordena; no niega el entrenamiento: lo afina desde la seguridad y la conexión.

Este libro llega además en un momento oportuno. Durante siglos el caballo fue transporte, herramienta de trabajo e incluso arma de guerra. Hoy su función social es otra y nuestro nivel de conciencia también. Eso nos compromete a tratarlo como lo que es: un ser vivo con su propia manera de ver el mundo, con necesidades de especie que debemos conocer y respetar. La coherencia cardíaca, tal y como la propone Mayte, es una vía segura y eficaz para reequilibrar la relación, más presencia, más escucha, menos prisa, más claridad en lo que pedimos y más respeto por lo que el caballo puede ofrecer en cada instante. Entenderlo a él nos hará entendernos más a nosotros mismos.

Una nota práctica para los curiosos: existen sensores que se colocan en el lóbulo de la oreja y se conectan por *bluetooth* al móvil. Permiten ver en tiempo real si estás en coherencia o no. No son imprescindibles para beneficiarte del libro; el propio manual te guía sin aparatos, pero pueden resultar un apoyo interesante para quienes disfrutan midiendo y siguiendo su progreso día a día.

Siempre me ha gustado subrayar los libros y hacerlos míos. Te invito a que hagas lo mismo con este. Coge tus rotuladores fluorescentes y subraya todo lo que te guste. Elige algunos ejercicios y pruébalos durante unos días. Vuelve a las páginas marcadas cuando sientas que «algo se desordena». Verás que, al regular tu ritmo interno, el caballo te devuelve su mejor versión. Y esa es quizá una buena definición de la equitación y de un manejo bien hechos: cuando ambos, tú y tu caballo, podéis coordinar mejor vuestros corazones.

Si eres profesional encontrarás un marco que mejora la seguridad y la eficacia. Si eres aficionado verás que sí hay un camino que puedes entrenar para «estar» con tu caballo de forma más justa y agradable para ambos.

Mi último deseo, querido lector, es que lo disfrutes tanto como yo lo he disfrutado, y sobre todo que lo pongas en práctica. ¡No te vas a arrepentir! Puede que no solo cambie tu relación con el caballo; puede que también te cambie la vida.

CONSTANTINO SÁNCHEZ
Director de la Escuela de Herradores y Podólogos Equinos Sierra Norte

Gracias…

Gracias a mi madre, Teresa, por enseñarme Amor.

Gracias a mi padre, Paco, por enseñarme que todo es posible.

Gracias a mi hermana, Encarna, por enseñarme el valor de la palabra hermana.

Gracias a mi cuñado, Miguel, por enseñarme el valor de la palabra familia.

Gracias a mi sobrina, Sandra, por enseñarme la alegría de compartir.

Gracias a mi abuela, Encarna, por enseñarme valentía.

Gracias a Constantino por alentarme a escribir este libro, gracias a ello hoy existe.

Gracias a Ana por plasmar amor en estas páginas a través de las ilustraciones.

Gracias a Marta por elegir editar este libro, compartirlo y expandirlo.

Gracias a ti por tener este libro en tus manos.

GRACIAS a todos y cada uno de los caballos, ponis, burros y mulos que han compartido tiempo conmigo en esta vida… Este libro va por vosotros.

Y gracias a la vida, por el juego y por enseñarme a jugar.

Prefacio
Los humanos tenemos una deuda con los caballos

Los caballos son animales que han estado al lado del hombre 5.000 o 6.000 años. Sin el caballo la historia de la evolución humana habría sido muy distinta. Ellos fueron nuestro transporte durante milenios. Gracias a los équidos cultivamos grandes extensiones de tierra, descubrimos nuevos mundos y desarrollamos el comercio. Los caballos impulsaron nuestro aprendizaje al permitir que nos relacionáramos con personas de otros lugares y países. Sacrificaron sus vidas cabalgando hacia delante en las batallas, tal como se les pedía.

Los caballos siempre han estado ahí, sirviéndonos sin pedirnos nada a cambio. Hoy en día nos siguen acompañando en nuestra evolución.

En este momento la humanidad transita por una época de cambios vertiginosos que mueven todos nuestros cimientos y nos empujan al «renovarse o morir». Ahora más que nunca necesitamos saber quiénes somos realmente, necesitamos conocernos. Ya no nos sirve aferrarnos a una identidad inamovible e idealizada, los cambios van demasiado rápido; si nos empeñamos en mantener una idea fija de nosotros mismos terminamos sufriendo, y en muchas ocasiones enfermando.

La energía del caballo está asociada a una larga historia de sanación, física, mental y emocional. Los caballos nos acompañan a conocernos a nosotros mismos.

Nos muestran quiénes estamos siendo realmente. Nos muestran nuestras emociones, creencias, comportamientos y aspectos inconscientes. Nos acompañan a descubrir nuestro poder, nuestra capacidad de relacionarnos desde la comprensión, la aceptación, la coherencia, la seguridad y el amor.

Los caballos nos enseñan a conectarnos con nosotros mismos y con los demás.

Aprender a relacionarnos con un caballo desde la coherencia nos eleva a un nivel más consciente. A un nivel más evolucionado donde la vida se expresa para nosotros de una forma mucho más bella y gratificante.

Aprender a relacionarse con un caballo es aprender a relacionarse con la vida.

La vida es relación, la relación es conexión, la conexión pasa por la coherencia y la coherencia es lo que permite la evolución.

Cuando hablamos de coherencia hablamos de orden, consistencia, estabilidad, armonía, unión, conexión, correlación, integración, equilibrio, alineación y también de evolución.

La vida evoluciona desde la coherencia, y las relaciones también.

La conexión profunda con un caballo surge de la coherencia y expande nuestra experiencia de vida hacia la plenitud del bienestar.

Tenemos una deuda con los caballos, pero ellos jamás la van a reclamar. Ellos no entienden de deudas, pero sí entienden de energía. Entienden de bienestar o malestar, de salud o dolor, de coherencia o incoherencia.

El mejor regalo que podemos hacerle a un caballo que vive con humanos es proveerle de una relación segura con las personas, una relación en la que experimente bienestar, salud y un profundo entendimiento… Una relación de coherencia.

Podemos poner nuestro granito de arena para restablecer el equilibrio en las relaciones que los caballos experimentan con las personas. Podemos poner nuestro granito de arena para permitir que el derecho de los caballos a una vida digna sea reconocido, «honrado» y respetado. No mediante la lucha, sino mediante la coherencia, el conocimiento, la compresión y la práctica.

A través de este libro te invito a poner tu granito de arena, un granito de arena de incalculable valor y del que todos salimos beneficiados, caballos y personas.

Deseo de todo corazón que tú y cada caballo con el que te relaciones disfrutéis de esta conexión profunda que expande y eleva el sentido de la vida.

Gracias por tener este libro en tus manos, gracias por amar a los caballos, gracias por seguir interesándote por ellos, gracias por ser como eres y gracias por permitir que ellos sean como son.

Introducción
Los orígenes de este libro

Los comienzos con los caballos

Desde que recuerdo, siempre he sentido una atracción magnética hacia los caballos. Mi madre dice que toda la «culpa» la tiene una revista con fotos de caballos que me enseñaba para que me tomara el biberón. No fui lo que se dice una niña muy comedora y ya desde esos días ella intentaba distraerme para que comiera más sin darme cuenta. Las imágenes de caballos funcionaban.

Cada vez que veía un caballo mi vida se iluminaba, sentía un deseo de tocarlo y subirme en él que tiraba de todo mi cuerpo en su dirección, un deseo que resultaba casi imposible de reprimir.

En mi familia no había caballos, nadie montaba ni sentía atracción por ellos, aunque, cuando mi madre era pequeña, sus padres tenían un macho, así llamaban a los mulos en Ahillas, la aldea donde vivió en su infancia, para ir al campo a trabajar la tierra y desplazarse al pueblo a vender la cosecha. Cuando nací el estilo de vida en el que se crió mi madre ya no existía y vivíamos en la capital, en Valencia. Aunque todos los fines de semana íbamos al pueblo, Chelva, pues mis abuelas vivían allí.

En Chelva, el día 17 de enero, o el fin de semana posterior, se celebraba todos los años la fiesta de San Antón, el patrón de los animales; todavía hoy se celebra. Era uno de los días del año más esperados para mí, mucho más que el de los Reyes Magos. Ese fin de semana, la noche del sábado, los vecinos hacen hogueras, cenan y pasan la velada a su alrededor. En casi cada esquina de las calles del pueblo hay una hoguera. Las personas que tienen caballerías (mulos, caballos, burros, ponis) salen a pasear con ellos haciendo un recorrido por las hogueras.

Recuerdo esa sensación de mariposillas en el estómago esperando a que los caballos pasaran por la hoguera de mi calle. ¡Qué alegría cuando escuchaba sus cascos acercándose! Pero mi disfrute no acababa ahí: al día siguiente todas las caballerías iban a la Plaza Mayor, donde se encuentra la iglesia, para recibir la bendición del cura, así que las volvía a ver. Recuerdo estirar la mano de mi padre para que me llevara a tocar a alguno de los caballos. Él me llevaba y preguntaba a los dueños si los podía tocar; cuando decían que sí ese momento se convertía en uno de los más felices del año.

Un día, cuando tenía unos 6 años, mi sueño de montar a caballo se hizo realidad. Bueno, no era exactamente un caballo; era un mulo blanco, muy alto, o al menos a mí me lo parecía. El macho de mi tío Miguel, el hermano de mi abuela. Recuerdo perfectamente la sensación; era algo que no se parecía en nada a cualquier otra experiencia que hubiera tenido hasta entonces. Estaba maravillada, miraba hacia abajo, veía la altura a la que estaba del suelo y me impresionaba. A la vez el calor de la piel del animal en contacto con mis piernas y el tacto de su pelaje... ¡Qué sensación tan maravillosa! Cada vez que escuchaba que mi padre iba a ir a casa de mi tío Miguel salía corriendo pidiéndole que me llevara. Cuando llegábamos a su casa mi tío me bajaba a la cuadra, que estaba debajo de la vivienda, y me montaba. No salíamos de la cuadra, pero para mí, solo estar en contacto con el animal era más que suficiente. Hace justo unos días mi tío Miguel abandonó este plano. Desde aquí te doy las gracias, tío, por haber permitido que mi sueño de montar a caballo se hiciera realidad.

En mis años de infancia, a pesar de esa atracción tan intensa que sentía hacia los caballos, pensaba que dar un paseo a lomos de un equino estaba totalmente fuera de mi alcance, y por supuesto ni pensar en tener uno. Entonces creía que solo si viviera en el lejano Oeste o fuera millonaria podría encontrarme en una escena paseando en el campo con un caballo.

Afortunadamente, con el tiempo esa creencia se desvaneció. Cuando tenía unos 13 años abrieron un centro ecuestre en el pueblo de al lado. ¡No lo podía creer! Allí fue donde por primera vez di un paseo a caballo por el campo. Mis padres comenzaron a llevarme una vez al mes tras mis súplicas constantes, y más adelante 2 veces. Cada vez que montaba a caballo me sentía la persona más feliz del mundo.

Las primeras veces que fui había un monitor que acompañaba en los paseos, Valentín. Él me enseñó lo básico: equipar al caballo, montar por la izquierda, pedirle paso y trote y que parara. El primer día recuerdo que entramos en la pista con el caballo, paramos en el centro, me colocó a la altura de la montura y me dijo: «Camina hacia atrás, coge carrerilla y cuando llegues a la altura del caballo das un salto con impulso y te subes». Lo miré pensando «si me lo dice es porque podré hacerlo, aunque no parece nada fácil», así que me dispuse a hacer lo que me decía. Comencé a caminar hacia atrás y entonces él soltó una carcajada. «¡Es broma!», me dijo. Yo me reí y respiré aliviada. Aunque otro día sí me enseñó a montar a pelo dando un salto desde el suelo, pero sin carrerilla.

Recuerdo la primera vez que galopé; terminé colgada de lado del cuello del caballo mientras recorría un camino de tierra. Ello no impidió que la sensación que experimenté fuera la más alucinante que había tenido en toda mi vida. Estaba deseando repetirla, esta vez sin que me tomara por sorpresa. Recuerdo que durante esa época me preguntaba: «¿qué me apetece hacer ahora?». Y la respuesta siempre era «montar a caballo». Suplicaba a mis padres que me llevaran más veces. Les decía: «Es que me apetece montar a caballo en todo momento»

Después Valentín dejó de ir, pero estaba el encargado del centro. Cuando mi padre me llevaba salíamos el encargado y yo a montar por el campo. Más adelante me dejaban uno de los caballos que conocía y salía yo sola a pasear. Soñaba con hacer eso todos los días.

En la misma época, a mi amiga Mª Carmen, que vivía en el pueblo, le regalaron un poni, «Jeremías». Mª Carmen y yo solíamos ir con «Jeremías» al pueblo de al lado por los caminos.

Mientras una montaba, la otra caminaba. Nos íbamos turnando y así recorríamos los 14 km de ida y vuelta por los caminos de tierra. «Jeremías» tenía mucha «personalidad». La sensación de control que tenía cuando lo montaba era de 2 en una escala de 10. No nos quedaba otra que confiar en él. Recuerdo como, en alguna ocasión en que no podíamos controlarlo, nos bajábamos de un salto; su altura facilitaba mucho el que pudiéramos hacerlo, aunque no siempre era posible.

Uno de esos días en que íbamos por los caminos y era mi turno de montar, «Jeremías» percibió algo que le hizo girar bruscamente y adentrarse en un campo de almendros a toda velocidad. Corría descontrolado entre los árboles y me resultaba imposible pararlo; parecía que estuviera en una carrera en la que los obstáculos eran las ramas de los almendros que me encontraba a la altura de la cara. Cuando se ponía a correr de esa forma lo único que se podía hacer era bajar de un salto, lo que en aquel momento no era una opción, o manejar la dirección de su trayectoria hasta que se cansara de correr y decidiera parar. Afortunadamente la segunda opción me funcionó, y a pesar de las ramas conseguí no terminar en el suelo. La que sí que terminó ahí fue Mª Carmen, pero no por una caída, sino ¡de la risa! Todavía hoy nos reímos recordando aquella situación. Éramos dos preadolescentes completamente locas por los caballos.

Unos años más tarde, un hombre del pueblo de al lado vendía un caballo. Un potro PRE de 4 años, tordo oscuro con las crines negras, «Honrado» era su nombre. Tras las correspondientes súplicas a mis padres y con la ayuda de Manolo, un amigo de mi padre que tenía una granja en el pueblo, fuimos a ver el caballo. El hombre tenía una pista pequeñita en el mismo lugar donde vivía «Honrado». Yo quería salir a pasear para probarlo, pero no me dejaron salir de la pista. El caballo era precioso, yo quedé prendada y finalmente mis padres lo compraron. Manolo lo iba a cuidar entre semana para que los fines de semana, cuando fuera al pueblo, pudiera disfrutar con él. Hoy Manolo ya no está entre nosotros; desde aquí también le doy las gracias por haber permitido que mi sueño de tener un caballo se hiciera realidad.

La siguiente vez que vi a «Honrado» fue para llevarlo a su nueva casa. Estaba realmente feliz. ¡Estaba cumpliendo otro sueño! Tenía un caballo. Con toda esa alegría me monté en él y recorrimos los 7 km que había de un pueblo a otro.

Hasta ese momento lo que sabía de montar a caballo era casi únicamente mantenerme arriba. Con «Honrado» puede perfeccionar esa habilidad. La segunda vez que salí a pasear con él, al regresar a la cuadra se puso muy nervioso; quería avanzar más y más rápido. Intenté mantenerlo al paso, pero era imposible. «Honrado» iba retrotado y lo único que yo podía hacer era ir llevándolo en zigzag por el camino para evitar que se lanzara a la carrera. Si estábamos a 5 km de casa, los 5 km de vuelta eran así, una lucha constante. Esta fue la tónica en el camino de regreso a casa durante los 4 años que pasé con él. Así que cuando yo veía un sitio seguro para galopar dejaba de luchar y le permitía que lo hiciera. Después, para que parara, tenía que levantarme al galope y alcanzar con la mano una de las barras del bocado que llevaba puesto para poder girarle la cabeza hacia un lado y que fuera reduciendo la velocidad. Hacer girar su cabeza solo con las riendas me resultaba imposible.

Había una recta muy larga por uno de los caminos por donde solíamos ir; ahí soltaba las riendas, ponía los brazos en cruz, cerraba los ojos y experimentaba, a galope tendido, la sensación de libertad más alucinante que he tenido en toda mi vida.

Un día quedé con mis padres en una fuente que había en el pueblo de al lado para ir a merendar. Ellos iban en coche y yo a caballo. A la vuelta llegué a la cuadra «demasiado rápido». Mis padres se dieron cuenta aquel día del peligro que podía estar corriendo con el caballo, así que decidieron llevarlo a algún sitio para que un profesional lo «domara». Llevamos a «Honrado» a Valencia y pasamos por 3 hípicas diferentes. En todas ellas me dijeron que vendiera el caballo, que no se podía «domar». En la última en la que estuve, el jinete le inyectaba un tranquilizante antes de montarlo. Lo montó 2 o 3 veces y después me dijo que no lo iba a hacer más, que no quería acabar en el hospital. El caballo no tenía intención de deshacerse del jinete; nunca lo intentó conmigo. Lo que pasaba es que no paraba, lo cual ya era por sí mismo bastante peligroso. En ese sitio me prohibieron la entrada a la pista grande; solo podía montar en una pequeña pista que había en la parte de atrás de la hípica. Recuerdo uno de los últimos días que monté allí: había llovido y la pista estaba llena de barro. Acabé completamente cubierta de barro por las salpicaduras de las patas de «Honrado» al impactar en la pista. Ese día, como los últimos anteriores, regresé a casa llorando en el tranvía. No podía controlar al caballo, no me lo iba a poder quedar y además sabía que no me iban a comprar otro. No podría volver a tener un caballo hasta que pudiera comprarlo y mantenerlo yo. Dejarlo suponía perderlo a él y «perder» lo que tanto había anhelado.

Finalmente, mi padre encontró al primer dueño de «Honrado». Él no lo había montado; lo usaba para engancharlo a un carro. Enganchado se comportaba como un caballo «normal». Así que mi padre le vendió el caballo a un chico para ese propósito. El día que se lo llevaron no pude ir; había pasado 4 años con él y no soportaba la idea de tener que despedirme.

Con el paso de los años entendí lo que le pasaba a «Honrado»; hoy con él las cosas hubieran sido muy distintas. En aquel momento yo no sabía hacerlo mejor, no conocía a los caballos y me conocía muy poquito a mí misma.

Esos fueron mis comienzos con los caballos.

Cuando tenía 23 años pude comprar un caballo, que se convirtió en mi mayor maestro de amor incondicional, «Bilbaíno XXX», mi «Bilba». Un semental PRE tordo claro precioso. El día que lo conocí buscaba un caballo maduro, castrado, que fuera fácil de montar y con el que pudiera disfrutar de los paseos. Pero cuando vi a «Bilba», un potro de 3 años, detrás de los barrotes del box donde estaba, me enamoré de él instantáneamente. Le pregunté al hombre que me iba a enseñando los caballos: «¿Y este?». Me dijo que no estaba en venta, que querían dejarlo para semental de la yeguada, pero finalmente llegamos a un acuerdo y se fue conmigo.

«Bilba» y yo estuvimos juntos casi 20 años, hasta que él cambió de plano. «Bilba» me empujó a salir de mi zona de confort, dejar una relación de pareja de más de 7 años, independizarme, abandonar un trabajo con el que no me sentía a gusto en el que había estado más de 6 años y comenzar un nuevo camino. Un camino que desembocó en el lugar donde hoy me encuentro.

Durante los años que pasamos juntos aprendí a relacionarme con caballos y con personas de una forma sana. Él me mostró todos mis miedos, fue mi cobijo en los peores años de mi vida y me enseñó a relacionarme de una forma coherente conmigo misma y con los demás.

Gracias a «Bilba» hoy me dedico a lo que me dedico y gracias a él he podido recoger en este libro el conocimiento y la experiencia que he acumulado durante estos años.

En el año 2007 comencé mi vida profesional con los caballos. Trabajé como instructora de equitación, entrenando caballos y realizando terapias asistidas para adolescentes con discapacidad intelectual. En el año 2017 empecé a acompañar procesos de desarrollo personal como *coach*. Y en 2019 incorporé la coherencia cardíaca a mi trabajo, realizando formaciones de coherencia cardíaca como *trainer* del Instituto HeartMath de California.

Los comienzos en el mundo del desarrollo personal

En 2007 había empezado un proceso personal, del que en aquel entonces no era consciente, tras unas experiencias que generaron un impacto profundo en mi vida.

Venía experimentando problemas de salud desde finales del año 1999, unas migrañas que desembocaron en una situación incapacitante, por la que no podía ir sola de mi habitación al baño porque me caía al suelo antes de llegar. Ningún fármaco aliviaba el dolor. Cuando sentía que no lo podía soportar más tenía que desplazarme al hospital para que me pusieran goteros de Nolotil, que tampoco lo hacían desaparecer, pero el atontamiento posterior lo hacía más llevadero. Experimentaba dolor 24 horas al día. Pasé un mes en una habitación a oscuras porque escuchar cualquier sonido y ver luz me provocaba unos latigazos detrás de los ojos insoportables; incluso los rayos de luz que se escapaban hacia el interior de la habitación por las rendijas de la persiana los sentía como fuertes calambres en la cabeza. Recuerdo que algunas veces empezaba a llorar por el dolor y la desesperación y rápidamente tenía que reprimir el llanto porque al llorar sentía que me explotaba la cabeza. Había empezado a ir al neurólogo 6 años atrás y desde entonces me habían puesto diversos tratamientos, pero nada funcionaba. En esa etapa en la que mi cuerpo ya se paró del todo tomaba 7 pastillas diferentes al día, algunas repetidas en varias tomas. En aquel momento vivía una vida que no me apetecía vivir, aunque nada que se pudiera considerar dramático. Simplemente no estaba en el camino del desarrollo y mi cuerpo me avisaba.

Salí de esa vida y las migrañas empezaron a mejorar significativamente, aunque no desaparecieron del todo, y entré en otra etapa que me traía nuevas sorpresas: una relación de pareja basada en la toxicidad que incluyó adicción a las drogas y maltrato físico, en la que varias veces temí por mi vida y en una ocasión hasta intenté quitármela yo misma.

Cuando esa etapa terminó, las situaciones vividas me dejaron «colgando en un limbo». Mi único anclaje a tierra fueron los caballos. Ahí comencé a trabajar con ellos.

Tras 5 años de recuperación entré de nuevo en otra relación tóxica, en la que no experimenté maltrato físico, pero sí un maltrato psicológico con el que de nuevo perdí mi identidad. Volvieron a aparecer las migrañas, y no solo eso, también una larga infección de riñón y lesiones en las rodillas. Pasé un año completo sin poder caminar normalmente, tuve cirugía en las dos rodillas, me operaron dos veces de la muñeca, pasé una depresión cuando ya estaba recuperada y los ataques de ansiedad iban y venían. Algunos de los patrones mentales que me llevaron a experimentar la relación anterior todavía estaban activos. Pero por aquel entonces yo no sabía nada de patrones mentales y la explicación que daba a las situaciones que experimentaba era «tengo mala suerte».

No era mala suerte, era incoherencia

Todo el maltrato que viví no venía de mis parejas, sino de mí misma. Yo era la que elegía vivir todas esas situaciones, la que decidía quedarme donde estaba. Yo era la que estaba eligiendo ignorar mis necesidades y no respetarme al no ser coherente conmigo misma. Al no pensar, decir y hacer en la misma dirección que mi sentir. Cuando me di cuenta de esto, tras unos dos meses de haber dejado la última relación rompí a llorar, experimentando una presión muy intensa en el pecho. Cuando el llanto cesó la presión del pecho se había liberado, y yo también.

Es doloroso descubrir que el único que se ha hecho daño es uno mismo, que todo el rencor que tenía hacia el otro realmente lo sentía hacia mí misma por haber elegido permanecer en esas situaciones. Pero tomar conciencia de esto también es extremadamente liberador: expulsa el miedo y te hace descubrir el poder que uno tiene de crear su vida.

Ese fue el último impulso con el que aterricé de lleno en el mundo del desarrollo personal. Al principio solo buscaba paz para poder seguir y cuando la paz llegó surgió el deseo de experimentar alegría. Decidí dar rienda suelta a ese deseo y eso me ha llevado a experimentar una vida mucho más plena de lo que nunca jamás llegué a imaginar.

En la creación de esta vida los caballos siempre me han acompañado e impulsado. Las experiencias personales que he vivido me han permitido comprenderlos de una manera profunda y ellos me han enseñado lo que significa el amor. Me han enseñado la diferencia entre amar y complacer, entre compartir e intercambiar, entre estar y esperar, entre libertad y dependencia. Me han mostrado el amor incondicional, el amor libre, que ama y acepta sin ningún tipo de condición.

Los comienzos en el mundo de la coherencia cardíaca

Había empezado a hacer sesiones de *coaching* con caballos en 2017; entonces todavía daba clases de equitación y trabajaba con algún caballo de propietario para mejorar la comunicación entre ambos. Pero ya en 2018 decidí dedicar todo el tiempo al proyecto de *coaching* con caballos. La experiencia de las sesiones de *coaching* que había realizado hasta entonces, alrededor de unas 80, y la diferencia que había en la toma de conciencia de las personas que realizaban las sesiones en sala y las que lo hacían con los caballos me indicaba claramente que ese era el camino, no había duda.

Una noche de principios de marzo de 2018 me crucé con un vídeo en Internet. Era de una manada de caballos en Canadá, en un lugar idílico. Sin saber por qué, viendo el vídeo empecé a llorar. Sentí una expansión en el corazón, como si hubiera encontrado algo que había buscado desde hacía mucho tiempo, pero racionalmente no encontraba la explicación. Investigué más por Internet y encontré el lugar. Sentía que tenía que ir. Al principio dudé: «¿Cómo voy a ir a Canadá? El viaje es caro y ahora necesito el dinero para mi proyecto de *coaching* con caballos», pensé, pero el deseo fue más fuerte y dos días más tarde me compré el billete de avión.

Esa experiencia me abrió un nuevo mundo. Pase 23 días conviviendo con una manada de 14 caballos. Todas las mañanas íbamos un grupo de personas a sentarnos con los caballos y entrar en coherencia cardíaca hasta la hora de comer. Después de comer yo me iba con la manada, que hacía una ruta hasta la mañana siguiente. La extensión de tierra en la que vivían era enorme; podían hacer un itinerario diferente cada día. Caminaba con ellos, los observaba, interactuaba, les tomaba fotos y experimentaba la dicha de sentirme en el paraíso.

Allí, practicando coherencia cardíaca con los caballos, cerré algunos aprendizajes pendientes de las experiencias personales que había vivido anteriormente. También surgieron nuevos sueños, que se materializaron unos meses más tarde. Y lo más importante: surgió en mí el deseo de que todas las personas pudieran experimentar lo que yo estaba viviendo al entrar en coherencia cardíaca con ellos. Así que cuando volví a España me puse a investigar a fondo sobre coherencia cardíaca y al año siguiente viajé a Estados Unidos para formarme en el Instituto HeartMath de California.

La práctica de la coherencia cardíaca ha traído a mi vida la guinda del pastel. La aplicación práctica de esta herramienta es algo que supera todo lo que he probado anteriormente, bueno, mejor dicho, es la base de todo lo que he probado anteriormente. En mi opinión es el centro del que todo lo bueno puede surgir. Y, por supuesto, así es en la relación con los caballos.

A lo largo de este libro voy a contarte cómo puedes aplicar la coherencia cardíaca para establecer una conexión profunda con los caballos. Una conexión tan especial que elevará todos los aspectos de tu vida.

Deseo de corazón que experimentes esa conexión profunda con los caballos y que de ella surja la inspiración de tu corazón para caminar esta vida como lo que eres...

....

Un ser completo, lleno de recursos y diseñado para transitar por la vida sintiéndote pleno en cualquier situación.

....

CAPÍTULO 1

La conexión

Existimos en relación. De la calidad de nuestras relaciones
depende la calidad de nuestra vida.

La relación es lo que existe entre una cosa y otra. Lo que permite que una cosa y la otra se relacionen de forma armónica es la conexión.

La conexión surge de aquellos aspectos que conviven en las dos partes de la relación. Por ejemplo, si voy a clases de pintura tendré una relación con la persona que me enseña. Algunos aspectos que conviven en mí, como el deseo y la experiencia de pintar, conviven también en el profesor, así que estos aspectos generan la conexión que se da en esa relación.

Cuando ponemos la atención en los aspectos de la relación que generan la conexión nos sentimos identificados con el otro. Se genera un sentimiento de unidad. El sentimiento de unidad es algo con lo que nos sentimos bien. Nos sentimos seguros, comprendidos y aceptados.

Conectar con otro implica poner la atención en los aspectos en común que tenemos con ese otro, sea una persona o un caballo.

Hay algo intrínseco en todos nosotros, personas y caballos, que nos
permite conectar con los demás: el amor.

Todos hemos experimentado amor, en una u otra forma; esto indica que está en nosotros. Si no estuviera en nosotros no lo podríamos experimentar.

El amor es nuestra esencia, nuestra raíz, un aspecto que nos genera bienestar y que tenemos en común con personas y caballos. A través del amor nos conectamos con otros seres vivos.

El amor a nivel fisiológico se manifiesta en el cuerpo mediante los patrones del ritmo cardíaco del corazón y se expresa generando una variabilidad de ritmo cardíaco coherente. A este estado del cuerpo le llamamos coherencia cardíaca.

Generar una conexión profunda con el caballo pasa por desarrollar nuestra coherencia cardíaca.

La relación que vamos a crear con el caballo es una relación de coherencia, que es el tipo de relación que permite establecer una conexión profunda con él.

Una relación de coherencia es una relación de confianza, aceptación e igualdad. En la que experimentamos seguridad, bienestar y alegría. Una relación en la que nos apetece estar, compartir y aportar. Una relación basada en el amor.

Cuando nos encontramos en una relación coherente disfrutamos de la vida. Ese es nuestro objetivo en la relación con el caballo: el disfrute completo e incondicional de las dos partes de la relación: la persona y el caballo.

Quizás en este momento se nos pase por la cabeza alguna relación con algún caballo al que consideramos «difícil» o «completamente loco», y nuestra mente se plantee la siguiente pregunta: ¿y con este caballo es posible establecer ese tipo de relación? La respuesta es la siguiente:

Si desarrollamos la relación de coherencia con ese caballo integrando los conocimientos, las pautas y los ejercicios que vamos a ver en este libro, no solo será posible establecer una relación de coherencia con él, sino que ¡será inevitable!

¿Te apetece experimentarlo? Si tu respuesta es sí, ¡comencemos!

CAPÍTULO 2

El poder, la responsabilidad

Ser conscientes de nuestra responsabilidad es el primer paso para generar una relación de coherencia con el caballo.

Una de las principales dificultades que experimentan las relaciones persona-caballo son los malentendidos.

Los malentendidos son cosas que ocurren sin que haya «mala intención» del lado de ninguna de las partes implicadas, en este caso la persona o el caballo.

Las personas suelen malentender al caballo por falta de conocimiento de lo que es un animal mamífero, de presa, como es el caballo. Por falta de entendimiento de cómo percibe el mundo, de cómo siente y se relaciona. Los caballos suelen malentender a las personas por la ausencia por parte de estas de un lenguaje claro y directo que ellos puedan entender. Sí, querido lector, como puedes deducir, la responsabilidad siempre es de la persona.

La responsabilidad de que la relación persona-caballo sea satisfactoria siempre es de la persona, nunca del caballo.

Entiéndase bien esta frase y léase en voz alta la palabra responsabilidad. En ningún momento es sustituible por la palabra culpa. La culpa es una palabra, que debemos borrar de nuestro vocabulario cuando trabajamos con caballos (y cuando no también).

La responsabilidad es una palabra «mágica» que esconde en su raíz el concepto de poder.

Ser responsables de algo implica que lo podemos modificar. Somos responsables de las consecuencias de nuestras decisiones. En el momento en que elegimos tomar una decisión elegimos también las consecuencias de la misma, aunque no sepamos cuáles son. Igualmente, en el momento en que elegimos tomar la decisión de no tomar ninguna decisión somos responsables de las consecuencias de la decisión de no tomar ninguna decisión.

Solemos aceptar las consecuencias que nos gustan de nuestras decisiones y solemos echarles la culpa a otros, a las circunstancias, a la situación, al Gobierno, al tiempo, etc. de aquellas consecuencias que no nos gustan.

Cuando intentamos eludir nuestra responsabilidad nos impedimos a nosotros mismos cambiar la situación.

Si la responsabilidad de un tipo de consecuencias es mía, por una decisión que he tomado, siempre puedo volver a elegir, bien en el presente o en el futuro. Si suelto mi responsabilidad y quedo «inútil» ante la situación me encontraré con dos efectos, el primero, no poder cambiar la situación, ni ahora ni si se vuelve a presentar; el segundo, mucho más grave, que mi autoestima se verá mermada.

El mensaje implícito que surge en el subconsciente al no tomar la responsabilidad de mis elecciones es «estoy a merced del mundo», «no podía haber hecho nada diferente a como lo he hecho», «no soy capaz, así que las consecuencias con las que me encuentro son inevitables haga lo que haga», «las cosas no dependen de mí, no tengo poder, todo es cuestión de suerte». Este tipo de mensaje baja nuestra autoestima al generar un sentimiento de incapacidad.

En la responsabilidad reside el poder.
El poder de manejar la relación con el caballo está en la persona.

Somos los únicos responsables de la relación que tenemos con los caballos. Y no olvidemos que nos relacionamos con caballos en cautividad.

El hecho de tener a un ser en cautividad nos hace completamente responsables de todo lo que a él concierne.

La cautividad es la privación de la libertad, de la capacidad de actuar por voluntad propia. La libertad es aquello que permite decidir si se quiere hacer algo o no. Con esa decisión uno es libre y también responsable de sus actos. La libertad implica responsabilidad. Un caballo en cautividad carece de libertad; está subordinado a unas condiciones de vida no elegidas. Un caballo en cautividad carece de responsabilidad.

Tener muy claro esto y ser muy honestos a la hora de reconocer que la responsabilidad de cómo es o está siendo la relación con el caballo siempre es de la persona nos ahorrará muchas dificultades a la hora de relacionarnos con ellos de una forma sana, equitativa, agradable y potenciadora para ambas partes.

Actuar de forma responsable a la hora de relacionarnos con caballos supone conocer a las dos partes implicadas en la relación. Por una parte conocer a los caballos, su naturaleza, lenguaje y percepciones y, por otra parte conocerse a uno mismo, su naturaleza, lenguaje y percepciones.

Querido lector, a la hora de relacionarnos con los demás, caballos y personas, el saber si lo que estamos transmitiendo está en coherencia con lo que queremos transmitir nos ahorrará muchos malentendidos.

Es esencial tomar conciencia de lo que le comunicamos al caballo cuando nos estamos relacionando con él.

CAPÍTULO 3

Vías de comunicación

Hemos dicho que una relación de coherencia es una relación de confianza, aceptación e igualdad, en la que experimentamos seguridad, bienestar y alegría, una relación basada en el amor. Para establecer este tipo de relación el primer paso es desarrollar una comunicación coherente.

....

Una comunicación coherente es una comunicación alineada con una intención clara, congruente con nuestros valores, en la cual tomamos al otro como parte de nosotros mismos, tenemos en cuenta sus necesidades, además de las nuestras, y actuamos para el mayor beneficio de ambos.

....

Para desarrollar este tipo de comunicación con un caballo necesitamos comprender las diferentes vías por las que nosotros trasmitimos información al caballo, cómo él recibe esta información, las formas en las que el caballo nos transmite información a nosotros y también aprender a interpretar esa información correctamente.

....

Una interpretación correcta es la que genera bienestar en ambos, la persona y el caballo.

....

La percepción es la «herramienta» mediante la cual interpretamos la información que recibimos del exterior, de nuestras emociones y de nuestros pensamientos. Como humanos percibimos el mundo exterior a través de dos vías:
1.   A través de los sentidos.
2.   A través de los campos electromagnéticos del corazón: Comunicación energética.

Los caballos también perciben el mundo por estas dos vías, igual que nosotros.

Aquellos que hemos tenido la fortuna de relacionarnos con ellos hemos podido deducir que los órganos sensoriales y el cerebro de los caballos parecen recibir e interpretar la información de una forma muy diferente a como lo hacemos los humanos. Un claro ejemplo es la reacción que despliega un caballo ante una bolsa de plástico, que se mueve ligeramente en los alrededores, y la nuestra ante el mismo estímulo.

Para un caballo, una bolsa de plástico en movimiento, aunque se deslice a un centímetro del suelo a cámara lenta, puede representar un sanguinario depredador que en cualquier instante le va a saltar a la yugular. Puede parecernos ridículo, pero esa percepción solo se justifica mediante el desconocimiento de lo que es un animal como el caballo y cómo percibe el mundo.

....

Lo que no se comprende no se puede amar. Sin amor no puede existir la comunicación en coherencia.

....

Percepción del caballo a través de los cinco sentidos

Los caballos son animales de presa. Esto quiere decir que en la naturaleza otros animales se los comen, son depredados. Esta condición les confiere una forma de percibir el mundo a través de los sentidos muy distinta de la nuestra.

Los caballos pasan casi el 100 % del tiempo en estado de presencia, a diferencia de los humanos, que pasamos un mínimo porcentaje de tiempo al día en ese estado. Gracias a ello pueden percibir cualquier cambio e incoherencia en el ambiente (incluido el lenguaje corporal y energético de los humanos) al instante… ¡Tienen que descubrir un posible depredador! Además, sus órganos sensoriales son mucho más precisos para esa causa. Un caballo es capaz de percibir sonidos hasta a 5 km de distancia, oler a un compañero que se encuentra hasta a 1 km de distancia, tiene una visión que alcanza los 340º y un sentido del tacto tan sensible en todo su cuerpo como nosotros en las yemas de los dedos. Sí, ¡así de sensible en todo su cuerpo!

Los caballos son animales grandes, pero ello no significa que no sean sensibles. ¡Pero si casi nunca se quejan! Exacto, no se quejan: quejarse no es un comportamiento muy adecuado para un animal de presa. Un animal que se queja es un animal que experimenta dolor, que está débil, es decir, una presa fácil.

Solo tenemos que observar lo que ocurre cuando una mosca se posa en el cuerpo del caballo para darnos cuenta de su sensibilidad. La piel del caballo tiembla, alarga la cabeza hacia el lugar donde se encuentra el insecto para espantarlo, o patea el suelo con fuerza con el mismo fin. Igualmente, las pequeñas heridas en la piel, de incluso medio centímetro de diámetro, pueden resultar inmensamente molestas para algunos caballos, hasta el punto de no dejar que una persona se acerque, lanzando mordiscos o incluso patadas. Los caballos son animales muy sensibles, física y emocionalmente.

Comunicación energética. Campos electromagnéticos

Como hemos comentado, existe otra vía de comunicación para caballos y personas: la comunicación energética, que es la que se da a través de los campos electromagnéticos del corazón.

Allí donde hay electricidad se genera un campo magnético. Esto significa que allí donde hay electricidad se genera un campo electromagnético.

Alrededor de nuestro teléfono móvil existe un campo electromagnético. También alrededor de una televisión, un ordenador, etc. Allí donde hay electricidad hay un campo electromagnético. Pues bien, nuestro corazón también emite electricidad. Gracias a los electrocardiogramas podemos registrar la actividad eléctrica de nuestro corazón. Y al igual que un teléfono móvil, el corazón también posee un campo electromagnético.

Los campos electromagnéticos son campos medibles; se miden mediante un instrumento llamado magnetómetro.

Los campos electromagnéticos llevan información codificada en forma de frecuencias. Nuestro teléfono móvil recibe y emite información por un canal de transmisión invisible. Pues bien, lo mismo ocurre con nuestro corazón. Gracias a las investigaciones del Instituto HeartMath de California, entre otras, hoy en día este conocimiento está al alcance todos.

Nuestro corazón es la fuente de energía electromagnética más potente del cuerpo. Emite un campo electromagnético que se extiende, de media, entre 90 cm y 2 m más allá de nuestro cuerpo. Se han llegado a medir campos electromagnéticos del corazón que alcanzan hasta 3 m.

Como hemos dicho, los campos electromagnéticos portan información. Un teléfono móvil recibe y emite información constantemente a través de ondas de radiofrecuencia, que son campos electromagnéticos. Del mismo modo, el campo electromagnético de nuestro corazón también transporta información.

¿Cuál es la información que porta nuestro campo electromagnético del corazón? La información es, nada más y nada menos, que la información de nuestras emociones y nuestros pensamientos. Ya lo decía el Dr. David Hawkins, psiquiatra estadounidense: «Nuestros pensamientos no son privados». Y así es.

Estamos compartiendo con los demás continuamente la información de nuestras emociones y nuestros pensamientos a través del campo electromagnético del corazón, aunque no seamos conscientes de ello.

A este intercambio de información le llamamos comunicación energética.

¿Alguna vez has estado con una persona por primera vez y has sentido un impulso que te lleva a desear alejarte de ella? Si te ha ocurrido quizás te hayas preguntado por qué. Pues bien, es que estabas percibiendo, por debajo de tu nivel de conciencia, una información con la que no te sentías seguro. ¿Y cuál era esa información? Una información incoherente.

Coherencia-incoherencia

Cuando hablamos de incoherencia en el campo electromagnético del corazón estamos hablando de algo muy concreto: variabilidad de ritmo cardíaco[1].

La variabilidad del ritmo cardíaco es la variación que existe entre los latidos del corazón.

---

1   En este libro utilizo en ocasiones el término variabilidad para referirme al concepto de variabilidad del ritmo cardíaco.

Los latidos del corazón no son uniformes: cada latido se da a una determinada velocidad con respecto al anterior. Cuando decimos que tenemos una frecuencia cardíaca de 70 pulsaciones por minuto (ppm), no quiere decir que todos los latidos se produzcan a esa velocidad, sino que es la media. Cuando tenemos una media de 70 ppm puede que algunos de nuestros latidos se hayan dado a 58 ppm, otros a 90 ppm, a 73 ppm u otros valores. Lo que mide este tiempo entre los latidos del corazón es la variabilidad del ritmo cardíaco.

Esta variabilidad del ritmo cardíaco puede dibujar una onda coherente o incoherente en la gráfica de medición. Tenemos una variabilidad de ritmo cardíaco coherente cuando los patrones de los latidos se repiten y forman una curva de variabilidad de ritmo cardíaco ordenada en la que se observa cierta simetría. Por ejemplo, podemos tener una secuencia de latidos de 62-70-83-90-75-60… Si esa secuencia se repite con esos mismos valores u otros muy similares obtendremos un patrón de variabilidad de ritmo cardíaco coherente que dibujará una onda con cierta simetría en la gráfica de medición.

Si, por el contrario, los patrones de latidos no se repiten, obtenemos una variabilidad de ritmo cardíaco incoherente que en la gráfica de medición aparece sin ningún orden ni simetría.

¿De qué depende el que nuestros patrones de ritmo cardíaco se formen en una secuencia coherente? Fundamentalmente de las emociones que estamos experimentando, aunque también intervienen la forma de respirar y la atención.

Cuando la variabilidad de nuestro ritmo cardíaco es coherente nos encontramos en un estado del cuerpo llamado coherencia cardíaca.

Coherencia cardíaca

La coherencia cardíaca, también llamada coherencia fisiológica, es el estado óptimo del cuerpo en el cual el organismo está equilibrado y funciona con la máxima eficacia.

Esa eficacia máxima viene determinada por la forma sincronizada y armónica en la que están funcionando los sistemas nervioso, hormonal e inmunológico. Esto produce una optimización energética, un ahorro de energía que queda disponible para que el organismo pueda utilizarla en sus procesos de regeneración y desarrollo.

Un estado de coherencia cardíaca es un estado en el que se percibe y transmite seguridad.

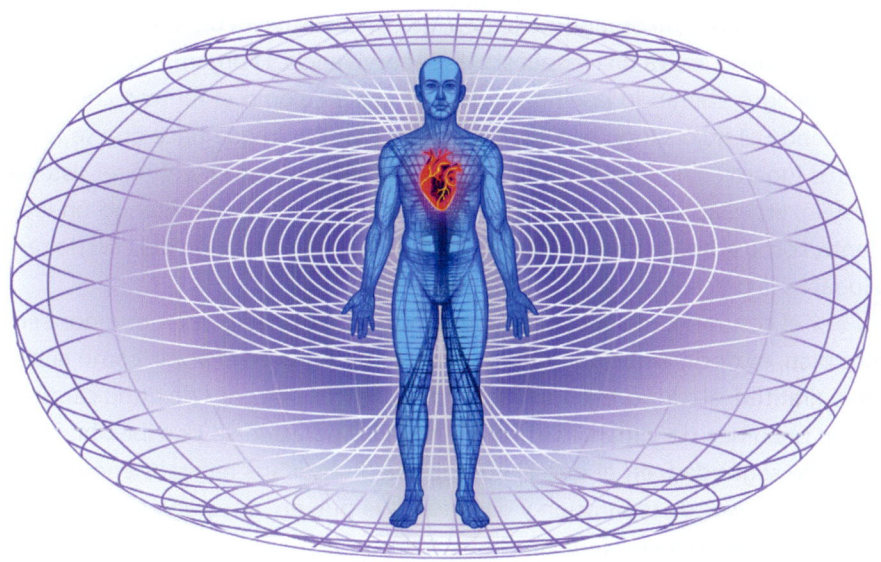

CAMPO ELECTROMAGNÉTICO DEL CORAZÓN.

El Instituto HeartMath lleva realizando estudios relacionados con la coherencia cardíaca desde 1991. Gracias a estos estudios sabemos que las emociones son la piedra angular de los estados de coherencia cardíaca.

Hay un tipo de emociones que impiden a nuestro corazón generar una variabilidad de ritmo cardíaco coherente. Esas emociones son todas las emociones y sentimientos con los que no nos sentimos bien. Es decir, todas las emociones y sentimientos basados en el miedo, como la ansiedad, la tristeza, la ira, la preocupación, la culpa, la apatía, etc. Este tipo de emociones y sentimientos generan estrés en el organismo. Sí, cuando te sientes triste tu organismo experimenta estrés, cuando te preocupas tu organismo experimenta estrés, cuando te sientes apático tu organismo experimenta estrés.

Todas las emociones y los sentimientos con los que no nos sentimos bien están basados en el miedo y generan estrés en el cuerpo.

El estrés es una señal de peligro en el organismo. Esto quiere decir que cada vez que experimentamos alguna de estas emociones y sentimientos con los que no nos sentimos bien nuestro organismo reacciona igual que ante una situación de peligro. Es decir, cada vez que me enfado, me preocupo, culpo a los demás o me siento culpable, mi organismo lo percibe como si tuviera un león delante y el sistema nervioso activa una respuesta de supervivencia. El organismo se prepara para el peligro liberando las «hormonas del estrés», como el famoso cortisol, y redirigiendo el flujo sanguíneo hacia brazos y piernas, lo que hace que se retire de otros lugares del cuerpo, como de una parte de nuestro cerebro, el sistema digestivo, etc. Esto ocurre tanto si el peligro es real, si de verdad tengo un león delante, como si no. Lo que cuenta a la hora de que esta reacción del cuerpo tenga lugar es la presencia o la ausencia de estrés.

Por el contrario, cuando experimentamos emociones con las que nos sentimos bien, es decir, emociones y sentimientos basados en el amor, como la alegría, la gratitud, el cariño, el entusiasmo, etc. nuestros patrones de ritmo cardíaco dibujan una línea de variabilidad coherente. El organismo se percibe ahí en un estado de seguridad, en el que el cuerpo puede usar sus recursos energéticos para sus procesos de reparación y desarrollo, ya que en un estado seguro no es necesario usarlos para protegerse.

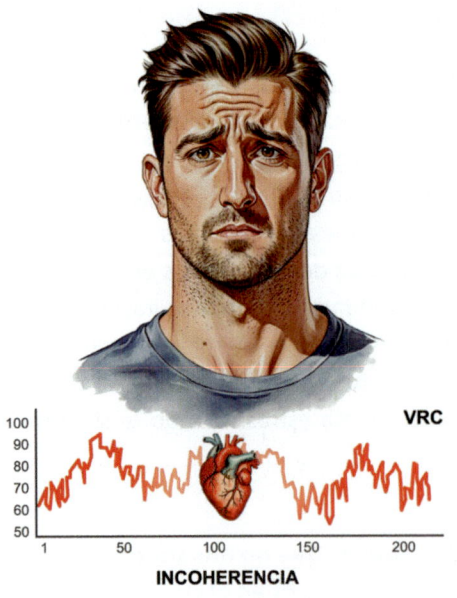

INCOHERENCIA

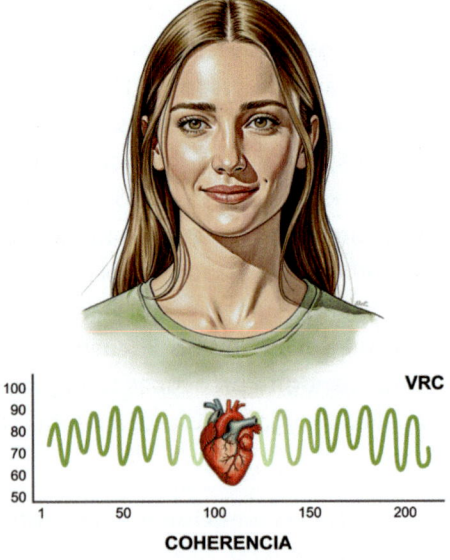

COHERENCIA

Nuestras células, o bien se desarrollan o bien se protegen; no pueden hacer las dos cosas a la vez. Igual que nosotros.

Cuando estamos en estado de estrés nuestro organismo percibe peligro y en ese estado la variabilidad de nuestro ritmo cardíaco es incoherente. Esta incoherencia se ve reflejada en el campo electromagnético del corazón.

A través del campo electromagnético del corazón compartimos la información de nuestros pensamientos y emociones con los demás en forma de frecuencia.

Mediante esa comunicación energética los demás perciben la coherencia o incoherencia de la variabilidad de nuestro ritmo cardíaco. Si esa variabilidad es coherente, la señal que perciben es de seguridad, algo agradable, una sensación que apetece experimentar y que es interpretada como una señal de confianza y seguridad que invita a relacionarse.

Por el contrario, cuando perciben incoherencia en el campo electromagnético de nuestro corazón la sensación que experimentan es desagradable. El mensaje implícito es «el estrés está presente/si hay estrés hay peligro/si hay peligro no es seguro». Esta percepción que se percibe por debajo del nivel de conciencia condiciona la comunicación, puede abrir paso a una sensación de «querer estar lejos» de la persona a la que corresponde ese campo electromagnético del corazón y puede desembocar en desconfianza hacia ella por estarse percibiendo una comunicación «opaca», poco clara, confusa y desapacible de su parte.

A la hora de relacionarnos con los demás, la comunicación energética es la primera que se da. Todos la percibimos, pero la mayoría de las veces ponemos nuestra mente, guiada por nuestros pensamientos y creencias, por encima de estas señales únicamente porque estamos acostumbrados a hacerlo, ni más ni menos. Percibir con claridad esta comunicación energética es solo cuestión de prestar atención.

Para poder prestar atención a la comunicación energética necesitamos estar presentes, física, emocional y mentalmente, en el momento en que está ocurriendo. Y la presencia física, emocional y mental tiene lugar en nosotros cuando estamos en estado de coherencia cardíaca[2].

---

2   En este libro utilizo en ocasiones los términos de coherencia cardíaca, estado de coherencia y coherencia para referirme al estado de coherencia cardíaca.

Percepción del caballo a través de los campos electromagnéticos del corazón

Los caballos reciben la mayor parte de información sobre nosotros mediante el campo electromagnético de su corazón, que es mucho más extenso que el nuestro.

Hemos dicho que el campo electromagnético del corazón de las personas se extiende una media de 90 cm a 2 m más allá del cuerpo. Y que en algunas personas se han llegado a medir hasta 3 m.

¿De qué depende que un campo electromagnético del corazón sea grande o pequeño? Hay 3 factores que determinan la magnitud del campo electromagnético del corazón:

1. El tamaño del corazón
2. La potencia de los latidos del corazón
3. Las emociones que se experimentan

Un caballo tiene un corazón 5 veces más grande que una persona y la potencia de sus latidos es mucho mayor que la de las personas. El campo electromagnético de su corazón es mucho más amplio que el nuestro.

En el año 2005 el Instituto HeartMath, en colaboración con la Dra. Ellen Kaye Gehrke, inició una serie de 5 estudios piloto en los que se pretendía demostrar la conexión emocional que ocurre entre caballos y personas cuando se están relacionando. Para ello midieron la variabilidad de ritmo cardíaco de caballos y personas por separado y también mientras estaban interactuando.

En el primer estudio se realizaron mediciones de 4 caballos diferentes mientras interactuaban con una misma persona. Efectuaron las mediciones en 5 escenarios diferentes. En el primero midieron a los caballos y a la persona por separado para establecer una línea base de datos. En el segundo midieron a cada caballo con la persona, en una pista, mientras la última realizaba una técnica de coherencia cardíaca enviando emociones de amor al caballo. En el tercer escenario tomaron mediciones cuando los caballos estaban siendo cepillados. En el cuarto realizaron mediciones caminando con los caballos del ramal. Y en el quinto escenario durante una secuencia de monta.

En este primer estudio lo más significativo fue que en el segundo escenario, cuando la persona estaba en la pista realizando una técnica de coherencia cardíaca y enviando amor al caballo, la variabilidad del ritmo cardíaco de la persona y la del caballo se sincronizaban.

Esta sincronización indica que existe una comunicación energética entre la persona y el caballo.

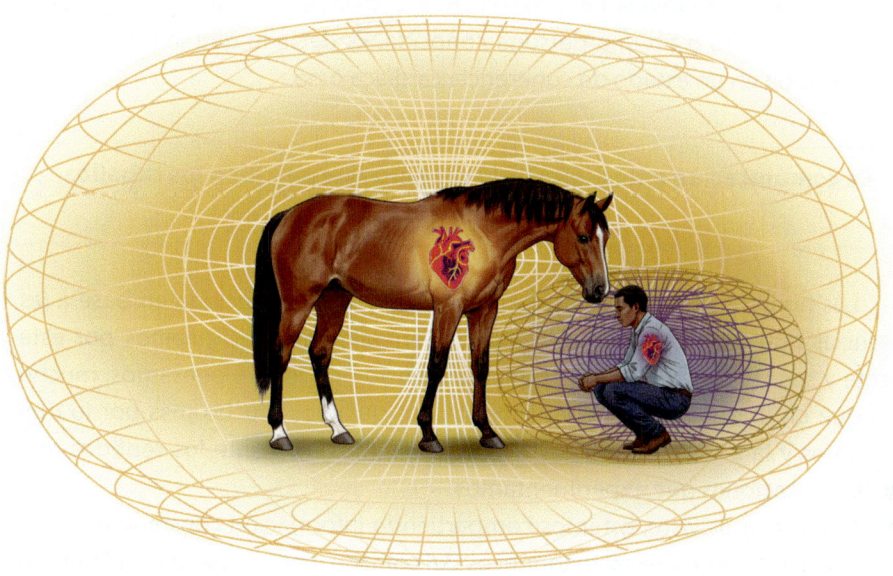

En el segundo estudio tomaron 12 caballos de una misma manada y midieron la variabilidad del ritmo cardíaco de cada uno de ellos durante 24 h para determinar sus líneas base. Los caballos no tuvieron interacción con humanos, excepto a la hora de alimentarlos. En las mediciones los investigadores observaron que la variabilidad de ritmo cardíaco de todos los caballos indicaba que estos estaban experimentando emociones renovadoras, excepto cuando algo que los asustaba era introducido en escena, como el camión de la basura. Incluso en el caso del camión, los animales retornaron a un patrón coherente a los pocos minutos.

Este estudio concluyó que los caballos pasan la mayor parte de tiempo en coherencia cardíaca, a diferencia de los humanos, que pasamos la mayor parte del tiempo en patrones de ritmo cardíaco incoherentes.

Esto nos indica que los caballos están naturalmente preparados para percibir esta comunicación energética y guiarse por ella.

En el cuarto estudio midieron a caballos interactuando con sus dueños e introdujeron a una persona desconocida para ver la diferencia en las mediciones. Lo que se pudo observar es que los caballos reaccionaban a la coherencia o incoherencia de la variabilidad del ritmo cardíaco de la persona que tenían delante sin importar si era o no una persona conocida. Es decir, lo que influía era si la misma estaba en un estado de coherencia cardíaca o no.

La comunicación energética es lo primero que perciben los caballos de las personas.

Los humanos tenemos una mente maravillosa que funciona en base a las creencias que hemos ido estableciendo. Generalmente nos guiamos por esta mente y sus creencias. Solemos poner la atención en lo que pensamos, mucho más que en lo que sentimos. Igualmente nos guiamos mucho más por lo que pensamos y la interpretación de lo que percibimos mediante los sentidos que por las sensaciones que experimentamos.

Como hemos visto, estamos compartiendo información constantemente a través de los campos electromagnéticos del corazón, pero la mayoría del tiempo no le prestamos atención. Nos hemos entrenado a utilizar el razonamiento y la mente analítica para predecir y calcular los posibles efectos de nuestras decisiones, en lugar de escuchar las sensaciones que provienen de nuestro cuerpo.

Los caballos, por el contrario, se guían por sus sensaciones y por la información que perciben mediante la comunicación energética. Por su naturaleza de animal de presa les interesa mucho más la información que existe en el momento presente, que es lo que realmente les sirve para poder detectar a un depredador y activar su respuesta de huida a tiempo. Esto no quiere decir que los caballos no dispongan de una mente analítica. Un estudio publicado en 2024 por la Nottingham Trent University sugiere que pueden ser capaces de utilizar un tipo de aprendizaje «basado en modelos», con el cual desarrollan modelos mentales para comprender conceptos y fenómenos.

El aprendizaje basado en modelos es una habilidad cognitiva que permite predecir, planificar y adaptar el comportamiento para lograr objetivos. En este estudio los caballos aprendieron a tocar una tarjeta para conseguir una recompensa. Después se añadió una luz roja, que representaba un «stop», y solo cuando la luz estaba apagada y tocaban la tarjeta recibían una recompensa. Al introducir la luz, los caballos tocaban la tarjeta indiscriminadamente, estuviera o no encendida la luz, pues tarde o temprano aparecía la recompensa (se generó un refuerzo intermitente). Entonces los investigadores introdujeron un coste por error: cada vez que tocaban la tarjeta con la luz roja encendida los caballos eran retirados del juego durante 10 seg. No podían tocar la tarjeta ni recibir recompensa. Entonces todos los caballos comenzaron a tocar la tarjeta solo cuando la luz roja estaba apagada. Se esforzaron en poner más atención cuando fue necesario, lo que indica que no es que los caballos no comprendieran el juego al principio, sino que para ellos era más sencillo no tener que prestar más atención.

Un caballo no usará más energía de la necesaria; su naturaleza es optimizar la energía disponible en su organismo.

Visto lo visto… Cuando nos relacionamos con un caballo lo primero que él percibe de nosotros son las señales que emite nuestro corazón. Percibe la coherencia o la incoherencia de la variabilidad de nuestro ritmo cardíaco, que le indica si estamos en un estado de coherencia cardíaca o en estado de estrés. En un estado de seguridad o peligro. Un caballo percibe si estamos experimentando emociones basadas en el amor o emociones basadas en el miedo, y en base a eso emite una respuesta o reacción.

¿Alguna vez has ido a ponerle la cabezada a un caballo que vive en un campo pensando que iba a ser complicado acercarse a él y, conforme te acercabas, sin ni siquiera mirarlo, se ha alejado? ¿Qué emoción estabas sintiendo? ¿Era una emoción de coherencia o era de estrés? Un pensamiento tal como «el caballo se va a ir» genera una emoción de estrés. Esa emoción se traduce en una variabilidad de ritmo cardíaco incoherente, que es detectada por el campo electromagnético del corazón del caballo e interpretada como algo incoherente, confuso e inseguro, a lo que reacciona alejándose.

A los caballos no les gustan las incoherencias, pues representan un peligro para ellos.

En la naturaleza los caballos viven en manada, lo que les ayuda a protegerse de los depredadores. Cuando un caballo de la manada observa una señal de posible peligro, en su organismo se produce una reacción de estrés, por una variabilidad de ritmo cardíaco incoherente, por una emoción de miedo. Esta reacción de estrés se une a un lenguaje corporal específico: el caballo levanta la cabeza, abre bien los ojos, tensa todo el cuerpo y se prepara para una posible huida. El resto de la manada percibe la reacción de ese ejemplar y lo imita. Lo que el resto de caballos de la manada está percibiendo no es solo el lenguaje corporal del que ha detectado un posible peligro, sino también la información del campo electromagnético de su corazón.

Hemos podido escuchar muchas veces que los caballos leen perfectamente nuestro lenguaje corporal y, así es, pero hay algo que debemos de tener en cuenta:

Nuestro lenguaje corporal es una expresión de las emociones que estamos experimentando.

Cuando comencé a trabajar profesionalmente con caballos, en el año 2007, todavía no conocía la coherencia cardíaca. Observaba e intuitivamente sabía que las emociones jugaban un papel fundamental en la comunicación con los caballos, pero por aquel entonces las emociones y la energía no formaban parte de mi lenguaje.

En el año 2010 me convertí en la encargada de un centro ecuestre con alrededor de 20 caballos. Mi trabajo consistía en la supervisión y el manejo de todos los animales, su entrenamiento diario, la organización de la escuela y los alumnos, impartir las clases de equitación, preparar talleres y exámenes de galope, la limpieza y el cuidado del material y el equipamiento de todos los caballos, y también las excursiones y los paseos a caballo para turistas algunos días al mes. Además, los domingos, como mi compañero libraba, se añadían un par de tareas más, como alimentar a los caballos y también a los animales de una pequeña granja-escuela que estaba al lado del centro ecuestre.

Cuando me dijeron que había conseguido el trabajo me puse pletórica. Aunque el centro ecuestre se ubicaba a unos 600 km de mi casa, estaba feliz de mudarme. ¡Todos esos caballos para mí sola! ¡Poder organizar el trabajo como deseara! ¡Poder cuidarlos a todos tal y como se merecían! Y así fue. Entonces no sabía los retos que me esperaban, comenzando por el clima, ya que de un invierno templado pasé a uno de los más fríos de España, pero gracias a todos esos desafíos ese trabajo fue uno de los que más cosas aprendí sobre caballos.

Cada día aparecía una cosa nueva: algo le ocurría a algún caballo, una lesión, una herida, un comportamiento «raro», algo que se podía mejorar, etc. Cuando terminaba la jornada llegaba a casa, me daba una buena ducha, cenaba y me ponía a investigar más sobre caballos, leía libros, buscaba en Internet, veía vídeos… Recuerdo la sensación de estar agotada físicamente (había días que montaba hasta 6 caballos al día) y aun así querer seguir investigando más y por otro lado querer irme a dormir para que se hiciera ya de día e ir con los caballos a poner en práctica lo que estaba viendo esa noche.

En el centro había un semental llamado «Brioso», un caballo negro Pura Raza Español que tenía dibujado un cordón blanco en la cara. Era un caballo precioso. «Brioso» era muy alto y me encantaba montarlo. Tenía un trote suspendido por naturaleza y trotar con él era como volar. «Brioso» vivía en un box justo en un lugar por donde todos los caballos pasaban camino de la ducha. El caballo, como buen semental de 5 años, tenía un carácter muy territorial y, además, como caballo sensible, estaba desquiciado por tener que vivir en un box tan pequeño reprimiendo toda su energía. Los días en que se encontraba más ansioso, cada vez que pasaba un caballo camino de la ducha se elevaba por encima del box, que estaba descubierto, con tal habilidad que conseguía sacar la cabeza por encima de los barrotes y orientarla hacia abajo relinchando y lanzando un mordisco dirigido al que pasaba. Por suerte su boca quedaba muy lejos de los caballos que por allí transitaban. Aun así él no cesaba en sus intentos.

Cada vez que lo llevaba de su box a la zona de preparación tenía que ir muy atenta para evitar que diera un tirón del ramal, me lo quitara de las manos y se fuera a dar patadas con las patas delanteras a los boxes de sus compañeros. Los boxes estaban en un pasillo cubierto que también daba acceso a la zona de preparación de los caballos y a la pista cubierta donde tenían lugar las clases de equitación.

Una tarde, en el descanso entre clases de equitación, estábamos en el pasillo padres, niños y un par de caballos que los pequeños estaban preparando para montar. De repente escuché unos relinchos tremendos, de película de terror, y el estruendo de los golpes de dos herraduras potenciadas por la fuerza de las patas delanteras de «Brioso». ¡El caballo estaba fuera del box! Iba como loco de box en box golpeando las puertas, relinchando y poniéndose de manos con la intención de pasar la cabeza por encima de los boxes y alcanzar con un mordisco a alguno de sus compañeros. Algunos niños gritaron y todos se pusieron muy nerviosos. Era una figura realmente imponente y estaba totalmente descontrolado corriendo por el pasillo, gritando, poniéndose de manos y lanzando patadas. En ese momento solo se me pasó un pensamiento por la mente: ¡que nadie resulte herido! Les dije a todos que se apartaran y, a pesar de la situación, logré actuar con la cabeza fría, lo que hoy sé que quiere decir que estaba completamente enfocada en mi objetivo y tenía la confianza plena de que iba a poder manejar al caballo, entre otras cosas porque no tenía otra opción. Tomé una cabezada con ramal y una fusta de doma, me acerqué al caballo y empecé a agitar la fusta fuertemente en aire provocando el característico ruido de latigazo, levantando las manos y gritando «¡eh, eh!» para poder llamar la atención del caballo. Él estaba ciego enfrente de uno de los boxes dando patadas. Cada vez intentaba agitar la fusta y la cabezada con más fuerza y por dentro me decía a mí misma: «Sigue, no pares, no te rindas hasta que él se detenga». Y se detuvo por un segundo, o por lo que a mí me pareció un segundo. Me miró con la cabeza en alto, cambió la orientación de las patas unos grados fuera de la perpendicular del box y rápidamente le lancé el ramal por el cuello, lo agarré cerca de la nuca y conseguí alejarlo un poco del box, ponerle la cabezada y llevarlo a su cuadra.

Aquella situación me mostró dos cosas muy importantes. La primera es que cuando uno está presente el miedo desaparece. Y la segunda es que lo que uno tiene en mente el caballo lo percibe. Él percibió la determinación de alguien que tiene un objetivo claro y la certeza de que se va a cumplir. El caballo lo percibió ¡por encima de su instinto!

Hoy en día sé que lo que el caballo percibió fue la emoción que surgía de esa determinación y certeza. Una emoción que generó una expresión física de la energía que estaba teniendo lugar en el campo electromagnético de mi corazón. Una energía que provocó una reacción en él que era la reacción que yo necesitaba.

Energía

Trabajar con caballos es trabajar con la energía.

....

Todo es energía, todo vibra y está conectado. Nada está desconectado. Las palabras vibran, los pensamientos vibran, los actos vibran y los sentimientos vibran.

....

Somos energía y funcionamos como sistemas de energía. ¿Has pensado alguna vez en qué se convierte la comida que comes? ¿Y el aire que respiras?... ¡Bingo! En energía. Pues bien, resulta que la cantidad de energía de la que dispone nuestro organismo es fundamental para poder relacionarnos de una forma sana con los demás, incluidos los caballos.

¿Has observado alguna vez que cuando estás muy cansado no tienes muchas ganas de hablar? Tampoco tienes ganas de escuchar, y mucho menos de ponerte en el lugar del otro y pensar en sus necesidades.

Como seres humanos estamos diseñados para disponer de un buen nivel de energía en el organismo, suficiente para pasar el día, pero en algunas ocasiones acabamos agotados mucho antes de que llegue la noche. Algunas veces ya estamos agotados nada más despertarnos, incluso habiendo dormido 7 u 8 horas. ¿Eso quiere decir que, precisamente nosotros, sufrimos algún defecto en el perfecto diseño del ser humano que implica tener un buen nivel de energía durante todo el día, o es que acaso le pedimos demasiado a nuestro organismo? ¿Por dónde se está drenando nuestra energía si no estamos haciendo ningún esfuerzo físico?

....

Estamos perfectamente diseñados para manejar nuestro día a día con energía. Para lo que no lo estamos es para experimentar una variabilidad de ritmo cardíaco incoherente durante la mayor parte de la jornada. Y mucho menos un día tras otro.

....

Las emociones con las que no nos sentimos bien drenan nuestra energía interna: la preocupación, el enfado, la ansiedad, la culpa, etc. Ya hemos visto que estas emociones y sentimientos generan una variabilidad de ritmo cardíaco incoherente, ponen a nuestro organismo en modo supervivencia y además bloquean una parte de nuestro cerebro que afecta a la memoria, la atención, la capacidad de aprendizaje, la toma de decisiones, etc.

Cuando experimentamos estrés, es decir, cualquier emoción con la que no nos sentimos bien, no estamos en un estado óptimo para relacionarnos con personas, y menos aún para relacionarnos con caballos, ya que ellos son mucho más sensibles a nuestras emociones, comportamientos y acciones.

....

El lenguaje corporal, el tono de la voz, la velocidad de las palabras y las propias palabras son una manifestación física de la energía que está presente en el organismo.

....

Al comunicarnos con caballos podemos aprender ciertos movimientos y aplicarlos en la comunicación con ellos, pero nuestros movimientos corporales siempre cargarán con las trazas de la emoción, la energía, que estamos sintiendo; es inevitable. El caballo siempre percibirá la energía que estamos emitiendo, a través de lo que ve y mediante lo que siente.

....

Un lenguaje corporal que no se corresponde con la energía genera confusión y desconfianza en el caballo.

....

Cuando le indico al caballo desde mi parte física que pare, pensando en que no va a parar, lo que él percibe es una contradicción, una incoherencia. No solo nota mi parte física, sino que está percibiendo mi emoción, la emoción que genera en mí el pensamiento de que no va a parar, es decir, una emoción de estrés, una emoción agotadora, que se traduce en una variabilidad de ritmo cardíaco incoherente en mi corazón y que se transmite a él a través del campo electromagnético del corazón.

Las incoherencias en el campo electromagnético de nuestro corazón generan confusión en el caballo. Un mensaje incoherente es un mensaje en el que no se puede confiar.

Una comunicación coherente pasa por un lenguaje alineado, en el que las señales que enviamos al caballo van en una misma dirección desde nuestro lenguaje físico y energético.

CAPÍTULO 4

El principio: conocerse a uno mismo

Ya hemos visto que para establecer una conexión profunda con el caballo necesitamos crear una relación de coherencia con él. Que es aquella basada en la confianza, la aceptación y la igualdad, cuyos cimientos surgen del amor, de estados de coherencia cardíaca.

También hemos visto que establecer este tipo de relación requiere una comunicación en coherencia. Y que una parte fundamental de que esa comunicación tenga lugar es saber la información que le estamos transmitiendo al caballo cuando nos relacionamos con él. Para ello resulta imprescindible ser conscientes de nuestras emociones, pensamientos, comportamientos y acciones.

Necesitamos tomar conciencia de cómo le transmitimos información al caballo y prestar atención a cómo él la está percibiendo.

Elegir una comunicación en coherencia requiere identificar el instante en que la podemos elegir. Ese instante siempre está presente, es decir, es a cada momento. De nuestro nivel de desarrollo personal dependerá el que podamos identificar este instante cada vez que lo necesitemos.

El primer obstáculo: pensar en el peor resultado posible

«Lo que crees lo creas».

¿Alguna vez has pensado que le caes mal a alguien? ¿Cómo te has comportado con esa persona? Probablemente hayas evitado estar cerca suyo y si por las circunstancias tenías que estarlo, probablemente tu energía no derivaría precisamente de una variabilidad de ritmo cardíaco coherente. Puede que en tu comportamiento surgieran respuestas de supervivencia, como alejarte o ponerte a la defensiva, contradecir sus palabras o bloquearte. Esa energía de supervivencia estaba ahí y seguramente era percibida por esa persona, independientemente de que fuera expresada por tu comportamiento o no.

¿Cómo crees que esa persona reaccionaría al percibir una energía incoherente? Probablemente con esas mismas respuestas de supervivencia. En ese caso, el percibir esas respuestas por parte de esa persona reforzaría la creencia de que le caes mal. Así es como nuestras percepciones se vuelven realidad... ¿Observas lo que ocurre?

Tenemos una creencia que genera unas emociones y transmitimos mediante el campo electromagnético del corazón. Los demás perciben la información de nuestras emociones y responden a ellas. Su respuesta refuerza nuestra creencia. Así funcionamos y así funciona nuestra mente.

La función de la mente es buscar coherencia entre nuestras creencias y la realidad.

Tenemos una mente maravillosa que hace muy bien su trabajo. Si pienso que la mayoría de los coches son rojos crearé una realidad en la que la mayoría de los coches lo serán. ¿Por qué? Porque mi mente pondrá atención en todos los coches rojos que ve. Poner la atención en los coches rojos significa no ver los coches azules. ¿Por qué? Sencillamente porque mi atención solo puede estar enfocada en aquello que tengo en la mente.

Si lo que tienes en la mente es una creencia o un pensamiento que surge del miedo, ¿qué crees que vas a crear? Pues una situación que se correlacione con esa emoción de miedo. ¿Y eso cómo es posible? Pues porque tu mente pondrá la atención en todos aquellos aspectos de la situación que están en coherencia con su pensamiento de miedo. Es decir, todo aquello que confirme su pensamiento.

¿Qué ocurre cuando pensamos que el caballo se va a poner nervioso en la siguiente esquina? ¿Y cuando pensamos que es muy difícil que el caballo salga de paso a galope? ¿Qué emociones estaremos sintiendo con esos pensamientos?

¿Experimentaremos emociones de amor o de miedo? ¿Qué le estaré transmitiendo al caballo: seguridad o inseguridad, una instrucción clara o una señal incoherente y confusa?

Recuerdo mi primer trabajo en Inglaterra en el 2013 en unos establos cerca de Southampton. La entrevista de trabajo consistía en una jornada completa realizando diferentes tareas que serían las que más tarde formarían parte de mi rutina diaria: ocuparse del cuidado de 5 o 6 caballos, aseo y revisión diaria, ejercitarlos, llevarlos a las instalaciones, conducirlos al prado, donde pasaban la mitad del día, limpieza de boxes e impartir clases de equitación a los alumnos.

Una de las cosas que más me impactó el primer día fue que las trabajadoras llevaban y traían del prado a los caballos de 3 en 3. Incluso había una que llevaba 5 a la vez. No había visto eso antes en ninguna hípica.

Una parte de la entrevista consistió en montar a una yegua castaña centroeuropea de 4 años, a la que estaban introduciendo al salto. La única instrucción que me dieron fue: «Móntala en la pista como si fuera tu yegua». Ya la tenían equipada cuando fui a por ella, así que la llevé a la pista, revisé la muserola y el filete, ajusté la cincha y los estribos, me dirigí al *mounting block* y me subí en ella. En Inglaterra todos los centros ecuestres disponen de un *mounting block*, bloque en el que uno se sube para poder montarse en el caballo desde la altura de los estribos. Esto ayuda a que el dorso del caballo no sufra como lo hace cuando ponemos todo el peso de nuestro cuerpo únicamente sobre el estribo izquierdo, ejerciendo además una fuerza impulsora desde ese estribo para subir al caballo desde el suelo. Este gesto, monta tras monta y siempre por el mismo lado, genera problemas en el dorso del caballo y también descompensa el balance de la montura y los estribos.

Comencé el calentamiento al paso con riendas largas y poco a poco la yegua se fue entonando. Al principio estaba distraída, miraba a su alrededor; había unos 4 caballos más trabajando en la pista. Fui llamándole la atención sutilmente, presionando suavemente las pantorrillas, profundizando el asiento y realizando medias paradas. Trabajamos semicírculos al paso, un poquito de ceder a la pierna y continuamos con transiciones paso-trote-paso. En este punto la yegua ya estaba totalmente concentrada en nuestro trabajo y atenta únicamente a las señales que le enviaba yo desde mi cuerpo físico, emocional y mental. Seguimos con trote levantado, intercalando semicírculos y círculos, enfocándonos en la soltura y la rectitud. Después un poquito de galope y pasados unos 25 minutos ya estábamos de nuevo al paso, con riendas largas, las dos relajadas y listas para terminar la sesión. Entonces mi futura jefa se acercó, nos detuvimos y ella me pidió que estableciera en ese momento un plan de entrenamiento para seguir con la yegua.

Me había sentido muy cómoda montando a la yegua y recité el plan de entrenamiento todavía montada. Recibí un «ahá» de mi futura jefa como respuesta. Todavía no era momento de recibir *feedback*; aún me quedaban tareas por realizar.

Tras desmontar, una chica me acompañó a quitarle el equipo a la yegua y me dijo: «¿Cómo lo has hecho? Esta yegua solo la monta la jefa porque da muchos 'problemas' y hoy ¡no ha dado ninguno!». La respuesta era simple: yo no tenía esa información. Yo no sabía que esa yegua daba «problemas», por eso había ido bien. Creí que la yegua tenía buena disposición, y así se manifestó.

··

Lo que crees lo creas. No es cuestión de magia, sino de lógica.

··

Pensar que vamos a tener problemas con un caballo genera problemas con el caballo. Pensar que el caballo se va a asustar genera estrés, que el caballo percibe y al cual reacciona. Pensar que va a actuar de una manera determinada, porque ha actuado de esa manera antes, es crear el futuro en base al pasado. Crear el futuro en base al pasado es crear más de lo mismo. Tenemos que ser muy conscientes de ello al relacionarnos con caballos.

Es cierto que los caballos aprenden muy rápido, y sobre todo de las situaciones con las que experimentan emociones intensas. Aprenden de las situaciones que les generan emociones intensas agradables, y mucho más de las situaciones con las que experimentan emociones intensas desagradables. ¡Necesitan salvar su vida ante la percepción de una situación de peligro! Una situación de peligro viene unida a una emoción de miedo.

¿Qué crees que aprende un caballo que no quiere pasar por un charco de agua cuando su jinete lo presiona de forma intensa con la fusta? Ante esa situación experimenta miedo por partida doble. Por una parte experimenta una emoción de miedo por el charco, ya que no sabe si tiene una profundidad de 1 cm o en realidad es un agujero de 50 m de profundidad.

Los caballos tienen una visión muy distinta a la nuestra. Su pupila se dilata y contrae mucho menos que la nuestra, lo que les confiere una pobre percepción de profundidad. Por ello una sombra puede parecerles un agujero y alarmarse ante la presión de hacerles caminar sobre ella. Igualmente, su visión tampoco enfoca igual que la nuestra. Para poder calcular distancias necesitan mover la cabeza. Un caballo que se dirige a saltar un obstáculo puede estresarse mucho si el jinete no le permite balancear la cabeza suavemente, ya que sin ese movimiento no puede calcular correctamente la distancia a ese obstáculo y ajustar sus trancos para poder salvarlo sin sufrir ningún daño. Además, los caballos ven por segundo 7 imágenes más que nosotros, lo que quiere decir que los movimientos para ellos son más rápidos y bruscos.

Cuando nosotros observamos una bolsa en movimiento, vemos claramente una bolsa, pero si nos fijamos un poco más en profundidad esa bolsa está llena de sombras irregulares y además genera otra sombra en el suelo. Un caballo puede percibir esas sombras irregulares como agujeros, cavidades o extensiones de la bolsa.

¿Has visto alguna vez una calabaza tallada para Halloween? ¿Qué aspecto tiene? Imagina que esa calabaza se mueve sola, muy rápido, en un día lleno de niebla en el que todavía hay luz pero el sol ya se ha puesto. Tu visión de la calabaza es limitada y poco nítida. Imagina también que vives en peligro constante, que puedes ser engullido en cualquier momento por un depredador que surge de repente en tu espacio, sin previo aviso. Algo parecido a esto es lo que el caballo experimenta con una bolsa en movimiento.

En la situación del charco, además del estrés por el charlo el caballo experimenta miedo por la reacción incoherente del jinete ante una situación de «peligro», porque para él ese charco puede suponer un verdadero peligro.

En el momento en que el caballo se topa con el charco, este por sí mismo supone un objeto de preocupación y un posible riesgo. Pero cuando se encuentra con la reacción del jinete, las cosas empiezan a ponerse serias. Añadido al riesgo del posible agujero de 50 m, tenemos la presión de un «guía» que ¡no es capaz de ver el peligro! El «guía» se comporta como si el riesgo no existiera; es más, comienza a portarse como un loco que no tiene en cuenta la seguridad de «la manada». ¡Ni siquiera ve los riesgos!

¿Confiarías en alguien incapaz de percibir los riesgos de pisar en un agujero que puede tener 50 m de profundidad? Pues esa respuesta es la respuesta del caballo.

Cada vez que castigamos a un caballo por una reacción que surge del miedo, pierde la confianza en nosotros.

Cada vez que castigamos al caballo porque no está entendiendo lo que le queremos decir, pierde la confianza en nosotros.

Cada vez que no entendemos lo que el caballo nos quiere comunicar, pierde la confianza en nosotros.

Cada vez que no comprendemos las necesidades del caballo, pierde la confianza en nosotros.

La confianza de un caballo en una persona se establece mediante la comprensión por parte de esta de lo que el caballo está comunicando.

No es el caballo el que tiene que comprender: es la persona la que tiene la responsabilidad de comunicarse en un lenguaje que el caballo entienda.

No es el caballo el que tiene que aprender: es la persona la que tiene que buscar la forma de transmitirle lo que desea de él, de forma clara, directa, respetuosa y amorosa.

No es el caballo el que tiene que comportarse: es la persona la que tiene que aprender a comportarse de una forma coherente con él.

Un caballo no tiene mala intención:, un caballo tiene la intención de sobrevivir.

Una situación como la planteada, en la que el caballo muestra precaución ante un posible peligro puede tornarse en algo muy peligroso si actuamos desde la inconsciencia, presionándolo con intensidad en lugar de mostrarle, desde una emoción de coherencia y transmitiéndole seguridad, que el charco no es profundo aunque pueda parecerlo.

Podemos desmontar, dejar que el caballo se acerque poco a poco, lo huela, podemos pisar el charlo y enseñarle de manera amorosa que puede confiar en la guía del jinete.

Actuando de esta forma el caballo se percata de que lo hemos comprendido, que hemos puesto la atención en el mismo lugar que él la tenía, el charco. Se lo hemos mostrado claramente. El caballo observa que nosotros también lo vemos y que tenemos en cuenta lo que él percibe.

La confianza del caballo en nosotros aumenta cada vez que se siente comprendido.

Si por el contrario lo presionamos, lo que aprende es que el jinete no es seguro. Para él será un inconsciente que se comporta de forma totalmente incoherente ante un posible peligro. Lo que aprenderá el caballo es que la persona es peligrosa e impredecible. Mejor no fiarse mucho de por dónde le quiere guiar. Mejor confiar en la propia guía antes que en la guía de un «loco incoherente e imprudente», llegando a la conclusión de que a quien de verdad hay que temer es al jinete.

¿Qué crees que sentirá el caballo cuando vuelva a encontrarse con un charco si el jinete lo presionó con intensidad? ¿Lo pasará confiando en su jinete? Puede que, si la experiencia ha sido muy traumática, pase por el charco cuando el jinete lo vuelva a presionar, pero ¿pasará con confianza en la persona? No, claro que no. Pasará por pánico al jinete; le dará más miedo el jinete que el charco. Preferirá caer en un vacío de 50 m antes de tener que enfrentarse a las presiones del jinete.

¿Crees que este tipo de relación es sana? Por supuesto que no. Será una relación basada en la dominancia, no en la colaboración. Será una relación en la que uno elige siempre y el otro no tiene voz ni voto. Será una relación en la que solo se tienen en cuenta las necesidades de una de las partes. Será una relación en la que el papel del caballo habrá de ser completamente sumiso y anteponer las necesidades de la persona por encima de la propia supervivencia. Será una relación en la que el caballo deberá «perder su alma» para poder sentirse un poco más seguro. Será una relación completamente tóxica. Y, como en toda relación tóxica, el miedo, la desconfianza y las ganas de escapar estarán presentes.

Cuando castigamos al caballo en una situación en la que tiene miedo, él no asocia el castigo con la situación: asocia el castigo con la persona que lo castiga.

En una ocasión estaba con un compañero esquilando a un caballo. El animal no conocía la esquiladora; era la primera vez que se le iba a esquilar. El ruido de la máquina le generaba mucho estrés y no paraba de moverse.

Estábamos dentro de un box. Mi misión era sujetar al caballo del ramal con una cabezada de cuadra, mientras mi compañero lo esquilaba. A pesar de transmitirle calma al caballo con mi actitud calmada, esa situación era demasiado estresante para él. No había manera de que estuviera quieto. La ansiedad de mi compañero iba *in crescendo* a cada movimiento del animal.

Había que esquilarlo, así que mi compañero lo iba haciendo poco a poco con pequeños movimientos. En uno de los acercamientos de la esquiladora a las patas anteriores, el caballo levantó la pata y golpeó la máquina, que casi aterriza encendida en la cara del chico, aunque no le llegó a alcanzar. Esto le provocó un ataque de ira y reaccionó dándole un puñetazo en la cara al caballo.

Me lancé apartándolo hacia atrás mientras el caballo se defendía también con la pata delantera, que alcanzó mi mano, de refilón afortunadamente. En ese momento tampoco pude controlar mi reacción y le grité a mi compañero a todo pulmón: «¡No lo vuelvas a tocar!» y saqué al caballo de allí.

Dos días más tarde estaba con el caballo en la ducha y el chico se acercó a comentarme algo. En ese momento, al oír su voz, el caballo se puso a temblar con todo el cuerpo. Aquello me impresionó muchísimo. Había visto a caballos en cercados temblando al final del verano, cuando había alguna tormenta en la que la temperatura baja repentinamente y todavía no tenían el pelaje de invierno. El temblor era el mismo; todo el cuerpo se movía descontroladamente, pero esta vez no era por frío, sino por pánico.

A partir de entonces, el caballo no podía mantenerse en calma junto a un hombre. Escuchar una voz masculina hacía que se pusiera en alerta. Tenía miedo a los hombres. Vivía en un cercado y a ningún hombre le era sencillo ponerle una cabezada. Cada vez que veía a uno acercándose se iba al otro lado del cercado.

Este comportamiento le duró muchos meses. Finalmente, con buen trato y mucha paciencia, volvió a confiar.

Aquel día de la esquiladora mi compañero estaba pasando por una muy mala racha personal. Nada justifica su comportamiento, pero sí lo explica. Hay una frase que escuché hace unos años y se quedó grabada en mi mente: «Yo en tu lugar haría lo mismo». En este caso, mi compañero tuvo una vida determinada desde que nació, unas vivencias, unos comportamientos aprendidos, unas creencias, etc. Esta experiencia de vida le llevó a interpretar la situación ocurrida de una forma de la que surgió su reacción. Si yo hubiera tenido exactamente la misma experiencia de vida que él hubiera percibido la situación de la misma forma que él y probablemente habría actuado igual.

Todos nacemos inocentes, todos aprendemos de lo que nos rodea y todos podemos elegir de nuevo.

Pocos minutos después mi compañero tomó conciencia de su comportamiento y se arrepintió. Sus emociones reprimidas de ansiedad, frustración y tristeza por la situación personal que estaba viviendo salieron a la luz en forma de lágrimas y petición de ayuda.

El primer paso para poder relacionarnos con caballos en coherencia es estar nosotros en coherencia.

Manejar nuestra energía es fundamental a la hora de trabajar con caballos.

Manejar nuestra energía es manejar nuestras emociones.

Manejar la energía

Ya hemos visto que los caballos perciben la mayor parte de información sobre nosotros a través del campo electromagnético de nuestro corazón. Que la primera comunicación que se da es la comunicación energética. Que la coherencia o incoherencia de la variabilidad de nuestro ritmo cardíaco es percibida por un caballo al instante. Que si la variabilidad de nuestro ritmo cardíaco es coherente el caballo percibe una señal de seguridad que le da confianza para relacionarse con nosotros. Que si la variabilidad de nuestro ritmo cardíaco es incoherente el caballo percibe esa incoherencia y la incoherencia para un caballo supone peligro.

Hemos visto que una variabilidad de ritmo cardíaco incoherente es generada por cualquier emoción con la que no nos sentimos bien, como miedo, preocupación, ira, enfado, ansiedad, etc. Y que una variabilidad de ritmo cardíaco coherente es generada por emociones con las que nos sentimos bien, como amor, alegría, gratitud, cariño, compasión, empatía, etc.

Querido lector, manejar tus emociones equivale a la asignatura secuencial imprescindible en el plan de estudios de la carrera llamada «Comunicación coherente con caballos». Si deseas licenciarte ¡no te la puedes saltar!

....

Toda etapa alcanzada se convierte en preparatoria para la siguiente. Te puedes saltar pasos, pero si lo haces en algún momento tendrás que volver atrás.

....

Emociones, el lenguaje del universo

....

Las emociones son energía. La energía no se crea ni se destruye, solo se transforma.

....

Las emociones son energía en movimiento. Son las mensajeras de nuestros valores y creencias. Por ello no existen emociones negativas; todas las emociones son positivas, pues nos transmiten un mensaje sobre nosotros mismos.

A las emociones con las que no nos sentimos bien las vamos a llamar emociones agotadoras, por el efecto drenante que ejercen sobre nuestra energía interna.

Tus emociones te muestran si estás o no en alineación con tus valores. Si te estás acercando o alejando de ti mismo, del propósito interior que te lleva a la plenitud. Tus emociones te muestran si las creencias que alberga tu mente son limitantes o potenciadoras. Simplemente prestando atención a la emoción que experimentas con un pensamiento puedes saber al instante si es limitante o potenciador. Es decir, si ese pensamiento viene del miedo o del amor.

Tus emociones son tu guía interna.

Un pensamiento con el que experimentamos una emoción agotadora es un pensamiento limitante. Un pensamiento o creencia limitante es aquel que va en contra de nosotros mismos. En primer lugar va en contra de nuestra salud, ya hemos visto el efecto que las emociones agotadoras ejercen en nuestro organismo, y también va en contra de la versión más plena y feliz de nosotros mismos.

Para poder beneficiarte de la guía interna que te proveen a cada instante tus emociones solo tienes que aprender a manejarlas. Es decir, solo tienes que practicar el aceptarlas, escucharlas, gestionarlas y elegirlas.

Manejar las emociones

Para poder manejar nuestras emociones primero necesitamos saber que las tenemos.

A la mayoría de nosotros se nos da fenomenal reprimir, negar o ignorar nuestras emociones. Somos expertos, una especie de maestros especializados con la amplia experiencia de toda una vida. Nos enseñaron muy bien desde muy pequeñitos. ¿Quién de nosotros no escuchó alguna vez siendo niño «no llores» o «no te enfades»?

La persona que te decía «no llores» o «no te enfades» intentaba darte un mensaje, seguramente con su mejor intención. Probablemente deseaba que te sintieras bien y también sentirse bien ella al verte bien a ti. El mensaje que intentaba transmitirte puede que fuera algo así como «no pasa nada, todo está bien», un mensaje muy bien intencionado. Pero el mensaje que realmente recibiste fue: «Lo que sientes no está bien», «no tienes que sentirte así», «experimentar esa emoción no tiene sentido», «eso es una tontería y no tienes que sentir eso».

Ese tipo de mensaje pudo generarte una serie de conclusiones con respecto a tus emociones, como, por ejemplo «lo que siento no está bien», «tendría que sentir otra cosa», «mis emociones están mal», «para ser normal tengo que dejar de sentir esto», etc.

La conclusión a la que la mayoría de nosotros llegamos cuando éramos pequeños fue que hay ciertas emociones que no está bien sentir, y por ello es mejor reprimirlas, negarlas o ignorarlas. Y allá que nos embarcamos.

¿Alguna vez has visto a alguien conducir y enfadarse muchísimo con otro conductor al que no conoce? Quizás el otro conductor iba muy despacio, o muy rápido, deseaba cambiar de carril, o se despistó, etc. Quizás hayas podido observar como esa persona que se enfadaba muchísimo parecía completamente distinta a la de un minuto atrás. Quizás estabais teniendo una conversación tranquila y relajada y de repente se transformó, se le hinchó la vena del cuello y comenzó a desatar una ira, aparentemente irracional, contra un completo desconocido.

¿Qué estaba ocurriendo ahí? Pues que esa ira aparentemente irracional era una emoción que ya estaba en esa persona; no surgió de la nada, ni tampoco de las acciones del otro conductor.

Las acciones del otro conductor fueron simplemente una excusa de la mente para poder liberar la energía de esa emoción que no paraba de dar vueltas «por dentro» y resultaba incómoda. La ira que aparece en ese tipo de situaciones es ira reprimida, que en este caso surge en forma de necesidad de culpar a otros para poder proyectar la culpa inconsciente que uno siente por no haber sido fiel a uno mismo en el momento en que reprimió esa ira.

Las emociones que reprimimos, negamos o ignoramos no desaparecen. Se quedan bloqueadas en nuestro interior como energía incoherente. A mayor represión, mayor energía acumulada.

Como muy bien nos explicaba el médico psiquiatra Carl Gustav Jung, ya a principios del siglo XX, todos los aspectos que reprimimos los proyectamos fuera. Los proyectamos en otros, y por supuesto también en el caballo.

Las emociones son energía. Las emociones no se crean ni se destruyen, solo se transforman.

La forma natural de manejar las emociones es sentirlas. Esto lo vemos muy claro en los caballos: cuando tienen una emoción la sienten. A veces la expresan con más claridad a nuestros ojos y a veces con menos, pero siempre la sienten.

Al sentirla, la energía de esa emoción se transforma. La energía anterior se disipa, deja de estar presente.

Puedes ver a dos caballos en cautividad peleando por comida y al terminar la comida verlos compartiendo una siesta uno con la cabeza en la grupa del otro, en paz. Los animales lo tienen muy claro, son coherentes.

Gestionar una emoción pasa por sentirla, no por reprimirla, negarla o ignorarla.

Sentir una emoción no quiere decir dejarse llevar por ella. Es decir, si por ejemplo siento ira, la forma de transformar esa ira no es expresarla, sino sentirla en el cuerpo. Sentirla en el cuerpo resulta incómodo, y por eso lo evitamos.

Muchas veces expresamos una emoción y parte de la energía de la emoción se transforma, pero no toda. Para que la energía de la emoción se transforme hay que sentirla en el cuerpo, experimentar los cambios que esa energía produce al transitar por nuestra parte física. Tras esa experiencia la energía de la emoción se transforma y la incomodidad desaparece. Una vez la hayamos sentido estaremos «limpios». Ya no tendremos una energía reprimida acumulada esperando a cualquier posible y mínima «justificación» para salir descontrolada y liberar un poco de incomodidad interna.

Toda emoción reprimida genera incoherencia en nuestro interior y es proyectada al exterior. Cuando nos relacionamos con caballos nuestras emociones reprimidas pueden jugarnos muy malas pasadas.

Cuando nos relacionamos con caballos proyectamos en ellos las emociones reprimidas.

Esto no significa necesariamente que si tengo ira reprimida la voy a lanzar contra el caballo, pero lo que lanzaré desde mi campo electromagnético será incoherencia, y eso es lo que recibiré de vuelta por parte suya.

No nos gusta la incomodidad de experimentar una emoción agotadora y por ello, en muchas ocasiones, cuando estamos sintiendo una de esas emociones aplicamos soluciones drásticas que buscan salir rápidamente de la alteración. Cuando la energía incoherente se expresa en forma de acción comenzamos a involucrar a los demás en nuestra incoherencia. Proyectamos la energía incoherente en el mundo y el mundo responde interactuando con nosotros en esa energía incoherente.

La incoherencia puede tener muchas formas. La manera de reconocerla cuando viene de vuelta a nosotros es tomando conciencia de la emoción agotadora que estamos experimentando.

¿Cómo hacemos para estar limpios de emociones reprimidas al relacionarnos con caballos? Gestionando las emociones de estrés en el momento en que aparecen.

Gestionar las emociones de estrés

Cuando hablamos de gestionar las emociones generalmente nos referimos a gestionar aquellas emociones con las que nos sentimos incómodos, las emociones de estrés. Así lo vamos a definir en este libro.

Podemos utilizar tres estrategias para gestionar las emociones que tienen su raíz en el miedo, es decir, todas las emociones y sentimientos con los que no nos sentimos bien:

1. Sentir la emoción
2. Retirar la atención de la emoción
3. Cambiar la percepción mental

Dependiendo de la razón de ser de la emoción con la que nos encontremos utilizaremos una de estas tres estrategias.

1. Sentir la emoción

Sentir la emoción es aceptarla. Aceptar la emoción es reconocerla. Reconocerla es ser consciente de ella. Ser consciente de la emoción me permite escuchar su mensaje. Escuchar el mensaje que la emoción tiene para mí elimina la razón de ser de la emoción, la cual, con su función cumplida, desaparece y se transforma en otra.

....

Sentir la emoción es un acto de amor y aceptación hacia nosotros mismos.

....

Cada vez que ignoramos, reprimimos o negamos una emoción estamos negando una parte de nosotros mismos.

¿Cómo te sientes cuando alguien no acepta una parte de ti mismo? Pues eso mismo ocurre cuando no aceptas tus propias emociones. Cuando no aceptas tus emociones, no te aceptas a ti mismo. Cuando no te aceptas a ti mismo, no te amas a ti mismo. Cuando no te amas a ti mismo, no encuentras razón para que los demás te amen. En definitiva, cuando no aceptas tus emociones no te sientes merecedor. Y recuerda que lo que crees lo creas.

Esta estrategia de sentir las emociones la vamos a utilizar cuando surja una emoción. Vamos a prestar atención a las sensaciones que experimentamos en el cuerpo durante el tiempo en que esa emoción está presente.

Las emociones que surgen son las que aparecen, no las que nosotros creamos con nuestro pensamiento. Por ejemplo, las emociones que experimentamos cuando nos enfocamos en el peor resultado posible de una situación son emociones que creamos con nuestro pensamiento, no emociones que surgen de forma espontánea.

El objetivo de esta estrategia es sentir, no pensar. Por ello vamos a dejar la «etiqueta» que le ponemos a la emoción fuera de la ecuación. No necesitamos identificarla. Pues cada vez que la identificamos la estamos asociando a una serie de características almacenadas en nuestro cerebro. Estas características forman nuestro concepto de esa emoción etiquetada como x.

Si al sentir la emoción le ponemos nombre, nuestra mente activará las características asociadas a esa emoción y las buscará. Esto nos alejará de la sensación en el cuerpo. No queremos pensar; queremos sentir. Más adelante veremos una dinámica para poder practicar esta estrategia.

2. Retirar la atención de la emoción

Hay emociones que nosotros creamos con nuestro pensamiento consciente. La preocupación y la ansiedad pueden ser ejemplos de emociones creadas con el pensamiento. Estas emociones surgen de observar una situación con el peor resultado posible. Por ejemplo, si tengo que hacer un viaje en avión y pienso que el avión se puede estrellar generaré una emoción agotadora al enfocarme en el peor resultado posible.

Igualmente, si voy a montar un caballo y pienso que se va a asustar y me voy a caer estaré creando una emoción agotadora.

Al pensar en lo peor que puede pasar generamos emociones de miedo que no aparecen de repente, sino que estamos creando.

Poner la atención en las emociones de miedo que creamos es expandir todavía más ese miedo. Así se va desarrollando la ansiedad.

Cada vez que prestamos atención a una emoción de miedo que generamos con la mente o que compartimos el pensamiento del peor resultado posible con el alguien, la emoción de miedo se expande.

«Lo que compartes se expande». (UCDM)

Cuando tomemos conciencia de que la emoción que estamos experimentando está fabricada por nuestro pensamiento retiraremos la atención de él. La atención no es algo que pueda desaparecer; siempre tenemos la atención en algo, con lo que para retirar la atención de un lugar la tenemos que poner en otro.

Nos puede resultar muy útil tomar conciencia de que el peor resultado posible es algo que no existe. Solo existe el momento presente.

Los recursos para solucionar un problema siempre vienen con el problema. Si el problema no existe, porque lo imaginamos en un futuro, los recursos para resolverlo tampoco están. Lo único que conseguimos cuando nos preocupamos por algo que no existe es poner la atención en ello. Nuestra mente empieza a buscar todas aquellas cosas que puedan ser interpretadas como que ese problema va a ocurrir. Entonces se generan emociones en el presente que se correlacionan con el supuesto problema. A las emociones les siguen comportamientos y acciones…

¿Qué crees que pasa cuando pensamos en el peor resultado posible? ¡Terminamos creándolo! ¿Magia? ¡No, lógica!

Si voy a sacar a un potro a pasear al campo por primera vez me aseguraré de conocerlo y haber generado una relación de coherencia con él antes de hacerlo. Tendré que considerar algunas posibles situaciones con las que podría encontrarme, en las que el caballo quizás se asuste. Si he generado previamente una relación de coherencia con el caballo él confiará en mí. Puede que se asuste, pero si yo sé que manteniendo una variabilidad de ritmo cardíaco coherente en mi corazón le enviaré una señal de seguridad que se unirá a la percepción que el caballo tiene de mí, me tomará como líder y confiará en mis instrucciones por encima de sus instintos. Tendré la certeza de que pase lo que pase dispondré de los recursos necesarios para abordar la situación de la mejor manera posible. Pensar lo contrario es lo que puede tornar una situación totalmente neutra en un verdadero peligro.

En una de las formaciones de coherencia cardíaca con caballos que imparto, una de las alumnas estaba realizando una dinámica de sincronización con un caballo. Consistía en ir practicando una técnica de coherencia cardíaca a la vez que caminaba con él del ramal. El objetivo era observar en el comportamiento del caballo los efectos de las emociones presentes en el campo electromagnético de la persona.

Fig. 1

Durante la dinámica observé que la alumna se estaba encontrando con sus emociones incoherentes reflejadas en el caballo ¡mucho antes de que él las reflejara en su comportamiento! Es decir, ella percibía que el caballo estaba intranquilo cuando en realidad no lo estaba. En un momento, la alumna quería parar y deseaba que el caballo parara también, pero en lugar de detenerse seguía moviéndose y caminando. Su emoción incoherente estaba llenando su mente de pensamientos tales como «no va a parar, me va a pisar, él es más fuerte, no lo controlo, etc.». Se giró y se colocó mirando de frente al caballo, puso una mano en su cara empujándolo hacia atrás, mientras ella caminaba de espaldas tirando del ramal con la otra mano e invitando al caballo a seguir caminando hacia ella, sin ser consciente (fig. 1). Se encontró caminando hacia atrás en círculo a la vez que hacía fuerza para frenar al caballo con la mano en su cara mientras él seguía caminando hacia ella motivado por su movimiento y la tensión del ramal. En ese momento intervine, pues el caballo empezaba a estar ya demasiado confundido con las instrucciones contradictorias y ahora sí empezaba a desplegar los primeros signos de frustración. Me acerqué, le indiqué a la alumna que se colocara al lado suyo y lo tomé del ramal. Entonces comenzamos a practicar una técnica de respiración de coherencia cardíaca. En la segunda respiración, el caballo cesó todo movimiento y relajó el cuello bajando la cabeza. Después de un par de minutos comenzamos a caminar y el animal siguió calmado y manteniendo la distancia sin ninguna tensión.

Cuando te encuentres con una emoción resultante de imaginar un peor resultado posible ¡cambia la atención a otra cosa de inmediato!

Vente al momento presente, pon la atención en la respiración y comienza a respirar de forma pausada y profunda. Si no estás con un caballo, da palmas, ponte a bailar, salta, llama a un amigo, obviamente para hablar de algo agradable, haz lo que sea necesario, pero cambia el objeto de tu atención.

3. **Cambiar la percepción mental**
    Esta estrategia la vamos a usar cuando nos encontremos con una emoción agotadora generada por la percepción que tenemos de algo que ya ha ocurrido o está ocurriendo.

Imagina el vaso medio lleno… Tienes sed y de repente te encuentras con un vaso medio lleno de agua. En ese momento lo puedes percibir como una bendición, puedes pensar: «Tengo sed y ¡tengo agua! Medio vaso para poder beber e hidratarme, ¡qué suerte!».

Ahora imagina el vaso medio vacío… Tienes sed y te encuentras con un vaso de agua medio vacío. En ese momento lo puedes percibir como una «maldición». Puedes pensar: «Tengo mucha sed y solo tengo medio vaso de agua; no va a ser suficiente, ¡me voy a quedar con sed!, ¡qué mala suerte tengo!»

En las dos percepciones, en la de abundancia y la de escasez, la cantidad de agua en el vaso es la misma. A pesar de ello, las dos generan una emoción muy diferente. Lo único que genera un tipo de emoción u otra es cómo elegimos percibir lo que es. Sí, querido lector, las percepciones se eligen.

El poder de elegir nuestras percepciones es nuestro mayor poder, el poder del libre albedrío. Elegir cómo interpretas tus percepciones es elegir tus emociones.

¿Eso significa que como podemos elegir nuestras percepciones ya nunca vamos a experimentar una emoción que no nos gusta? Me encantaría poder decir que sí, pero no, no funciona así.

Hemos sido entrenados y aleccionados con una serie de creencias adquiridas a través de nuestra propia experiencia emocional con nuestra familia, entorno, en la sociedad en la que hemos crecido y de la idea que nos hemos formado de nosotros mismos. En todo lo aprendido hay un buen número de creencias limitantes de las cuales surgen las emociones agotadoras.

Detrás de una emoción agotadora hay una creencia limitante.

La causa de la emoción siempre está en el interior, no en el exterior. Tomar conciencia de esto nos va a resultar muy beneficioso a la hora de relacionarnos con caballos, personas, y con todo en general en la vida.

Estas emociones que surgen de las creencias limitantes aparecen de forma automática; no nos da tiempo a observar el pensamiento que hay detrás de la emoción y con ello no podremos cambiar la percepción a tiempo. Pero sí podremos cambiarla tras experimentar la emoción para no experimentarla más por esa causa.

El primer paso para gestionar las emociones a través de la percepción es elegir de nuevo.

Cuando experimentes una de esas emociones agotadoras, pregúntate cuál es el pensamiento que hay detrás de esta emoción. Puedes incluso escribirlo. Escribir nos ayuda a ordenar la mente. Una vez tengas el pensamiento, elige otro. Elígelo conscientemente y actúa en consecuencia con ese nuevo pensamiento. Esta es una forma de cambiar creencias.

Elige una nueva percepción, un nuevo pensamiento que genere una emoción con la que te sientas bien, una emoción renovadora con base en el amor. Después ancla en tu mente ese nuevo pensamiento y pon la atención en todas las cosas, aspectos y situaciones que puedan confirmar que ese pensamiento nuevo es cierto.

Recuerda que tu mente buscará coherencia entre tu pensamiento y la realidad, y así creará tu experiencia. Solo debes tener el nuevo pensamiento en tu mente bien presente. Elige tenerlo, elige bienestar, elige coherencia.

Cuando te encuentres un vaso con agua por la mitad siempre puedes elegir conscientemente. Pregúntate cómo quieres percibirlo: con una percepción de abundancia o de escasez, de amor o de miedo.

De tu elección depende tu emoción. De tu emoción depende tu bienestar. Elige siempre bienestar. Elegir lo opuesto es manifestar lo contrario en tu vida.

Dependiendo de lo entrenados que estemos, es decir, de la cantidad de veces que hayamos percibido de la misma forma un aspecto, situación, característica o circunstancia, tardaremos un poco más o un poco menos en romper ese patrón. Eso significa que quizás hemos estado muchos años viendo el vaso medio vacío en lugar de medio lleno. Entonces lo primero que sentiré viendo el vaso será una emoción ligada a la antigua percepción del vaso medio vacío. Eso es normal: hay que entrenar la percepción, igual que hay que hay que entrenar los músculos de las piernas para montar a caballo sin experimentar agujetas.

¿Y cómo entrenamos los músculos de las piernas para montar a caballo?

Pues montando a caballo. Al principio, cuando no estamos acostumbrados es incómodo; tras montar una hora y realizar ejercicios al trote y al galope, las piernas molestan. Pero eso no nos desanima a seguir montando; sabemos que es cosa de práctica. Cambiar la percepción es lo mismo: cuestión de práctica. No te desanimes, ten la certeza de que con la práctica dejarás de experimentar esa emoción agotadora en esa situación concreta en la que te propongas dejar de experimentarla.

Cambiar de percepción es una elección. Una elección consciente que requiere voluntad de seguir eligiendo, las veces que sea necesario, hasta romper el patrón antiguo creando uno nuevo.

Practicar estas tres estrategias no solo permitirá que tu relación con los caballos sea una coherente, sino que puede cambiar completamente tu vida.

Tomar la responsabilidad de nuestro bienestar es el mayor acto de amor que podemos hacer por nosotros mismos y por todos los que nos rodean, personas y caballos. Y como tal la recompensa estará a la altura de la voluntad, la integridad y la honestidad que este acto requiere.

La recompensa de tomar responsabilidad sobre tus emociones es el poder de crear tu vida de forma consciente, tal como desees.

Hemos visto que muchas de esas emociones agotadoras provienen de creencias limitantes. La mayoría de ellas se alojan en nuestra mente subconsciente y actúan como el director general de nuestro comportamiento sin que seamos conscientes de ello. Una herramienta que nos permite poder identificar estos comportamientos que derivan de estas creencias limitantes es la práctica de estados de coherencia cardíaca.

Creencias

«**Las creencias son la piedra angular de nuestra realidad**».

Una creencia es un pensamiento que se ha pensado muchas veces. Las creencias las aprendemos.

Hay dos formas mediante las cuales establecemos nuestras creencias: una es con lo que aprendemos en la infancia y otra con un impacto emocional intenso.

De los 0 a los 7 años se establecen la mayoría de nuestras creencias. Aprendemos las creencias de las personas que nos rodean sin cuestionar si son verdaderas o no. Hasta aproximadamente los 7 años el cerebro de un niño no dispone del tipo de ondas cerebrales que permiten el cuestionamiento, las ondas alfa. Esto es una estrategia evolutiva maravillosa. ¿Te imaginas que un niño tuviera que cuestionar todo lo que aprende en sus primeros años de vida? ¿Que cuestionara por qué debe llevar ropa para salir a la calle y hubiera que explicarle todo lo que esa norma social acarrea? Si un niño cuestionara todo lo que se le dice que debe hacer, decir y pensar para poder adaptarse al lugar en el que ha nacido la infancia podría durar una vida entera. Necesitamos aprender rápido para poder ser autosuficientes y desenvolvernos en nuestro entorno. Por eso nuestra mente está preparada para «descargar» los programas que nos permitan adaptarnos de la forma más rápida y efectiva posible. Estos programas son las creencias.

Cuando somos niños nos dicen esto está bien y esto está mal y así aprendemos a juzgar y discernir las cosas «buenas» y las «malas».

Cuando somos niños aprendemos las normas sociales a través de los comportamientos de nuestros padres. Si observo a mi madre relacionarse con un policía, aprendo de ella cómo hay que comportarse con la autoridad. Si observo cómo trata mi padre a mi madre, aprendo cómo los hombres deben tratar a las mujeres. No cuestiono nada de esto, lo aprendo, lo guardo en mi subconsciente y mi mente se encarga de buscar coherencia entre la creencia que tengo y la realidad, para que esa creencia tenga sentido. Se encarga de que yo ponga la atención en aquellas cosas que confirman mi creencia y que así mi realidad cobre sentido. La mente sabe muy bien que el sentido es importante para nosotros: sin un sentido y un orden mental nos volveríamos incapaces de sobrevivir en este mundo.

Ahora bien, ¿qué ocurre cuando las creencias que he aprendido son limitantes? Es decir, ¿qué pasa si las creencias aprendidas van en contra de mi bienestar? ¿Si he aprendido que no soy capaz de, suficientemente bueno, suficientemente alto, guapo, inteligente, prudente, valiente, etc.? ¿Estoy condenado a vivir una vida en la que los ratos de bienestar se reduzcan a momentos a la semana? ¡Por supuesto que no!

....

Las creencias se pueden cambiar.

....

Las creencias que aprendemos cuando somos niños nos ayudan a desenvolvernos en el mundo de una determinada manera. Cuando llegamos a la edad adulta, nuestro cerebro no solo dispone de las ondas que nos permiten cuestionar lo que hemos aprendido, sino que también tenemos ondas cerebrales que nos ayudan a prestar atención sostenida durante un tiempo prolongado.

¿Sabías que hasta aproximadamente los 12 años no somos capaces de mantener la atención en una tarea o actividad durante una hora completa? Hasta esa edad no disponemos de ondas beta en el cerebro, que son las que nos permiten mantener la concentración durante largos periodos de tiempo.

Bien, en la edad adulta, con la capacidad de cuestionar y prestar atención ya desarrollada, podemos cambiar nuestras creencias. Para ello necesitamos ser conscientes de que las tenemos. ¿Cómo nos damos cuenta de ello? Utilizando nuestra atención para poder observar nuestras emociones, pensamientos y comportamientos.

Detrás de una emoción agotadora hay una creencia limitante.

Detrás de un pensamiento con el que no me siento bien hay una creencia limitante.

Detrás de un comportamiento que surge del miedo (a no ser suficiente, a no tener suficiente, a no ser amado, a perder algo, a fracasar, etc.) hay una creencia limitante.

Una vez hayamos encontrado la creencia viene la parte que va a suponer el 80 % de nuestro éxito en el cambio: elegir cambiarla. Tomar la decisión de cambiar la creencia implica actuar en coherencia.

La única forma de cambiar la creencia es sustituirla por otra, así que tenemos que elegir una nueva creencia que sustituya a la que queremos cambiar y alinear nuestros pensamientos y comportamientos con ella.

Ya hemos visto, en el caso del vaso medio lleno o medio vacío, que cuando hemos percibido algo de la misma forma durante mucho tiempo, las emociones, los pensamientos y los comportamientos pueden surgir de forma automática, aunque hayamos elegido cambiar nuestra percepción. Con las creencias es lo mismo. Lo que haremos será estar presentes para que cada vez que surja una emoción, pensamiento o comportamiento unido a la creencia antigua podamos sustituirlo inmediatamente alineando pensamiento y comportamiento con la nueva.

Al trabajar en crear una relación de coherencia con el caballo nos encontraremos con algunas de nuestras creencias limitantes. Algunas de ellas pueden poner en riesgo nuestra integridad física.

Relacionarnos con caballos de una forma coherente también es tener en cuenta nuestras necesidades. Una es la seguridad. Los caballos son animales muy grandes y pesados. La coz de un caballo puede matarnos, un pisotón rompernos un pie, cualquier golpe en la interacción con ellos puede resultar en tragedia.

Cuando nos relacionamos desde la coherencia, la seguridad del caballo y la nuestra es una prioridad.

He observado más de una vez a personas jugando con su caballo a «pillar», corriendo de un lado a otro de la pista. Y al caballo en su alegría lanzar coces, pegar saltos y botar como quitándose a un león de encima, todos ellos comportamientos de juego. En algunas ocasiones las personas no eran conscientes de que estaban tan cerca del caballo que en cualquier momento podían ser coceadas. El diámetro de nuestro espacio personal debe aumentar cuando los movimientos del caballo se incrementan. No nos mantendremos a la misma distancia cuando está parado, camina o galopa. Debemos calcular la distancia de seguridad (mínimo de 3 m si está galopando) y mantenerlo fuera de nuestro espacio personal.

Mantener nuestro espacio personal cuando nos relacionamos con caballos nos puede salvar, literalmente, la vida.

Los caballos son conscientes de nuestra presencia y miden su fuerza al interactuar con nosotros, igual que cuando juegan con sus compañeros de manada. Pero a veces no calculan bien, y por eso la responsabilidad de nuestra seguridad, igual que de todo lo demás, siempre es nuestra.

Recuerdo una ocasión en la que mi caballo, «Bilba», estaba jugando con un compañero de manada, «Nero». Solían correr, perseguirse, darse mordiscos juguetones y disfrutar de la vida cuando los llevaba a un prado que era como su parque de relax y juegos. Le llamábamos el *chill-out*. Ese día los dos caballos estaban dándose mordisquitos en la boca y en las patas delanteras mientras giraban los cuerpos de forma juguetona. De repente escuché un ruido más fuerte de lo habitual y vi a «Bilba» apartarse con cara de miedo. Cuando me acerqué observé que tenía la barriga desplazada hacia la izquierda, casi todo el volumen en ese costado. Vista por detrás era como si estuviera caminando en una curva muy cerrada, pero con las patas y el dorso rectos. «Nero» le había mordido en la barriga y le había provocado un desgarro muscular.

Cuando corremos por una pista jugando con un caballo siempre debemos marcar nuestro espacio, establecer unos límites de espacio claros que él no debe invadir.

A lo largo de los años he trabajado con muchas personas que no respetaban su espacio personal mientras interactuaban con caballos, lo que generaba situaciones de peligro para su integridad.

Hacer respetar el espacio personal es simplemente comunicarle al caballo que en ciertas situaciones hay una línea imaginaria que no queremos que cruce.

Hay algunas creencias limitantes comunes en las personas que no hacen respetar su espacio personal cuando interactúan con caballos. Estas creencias les impiden establecer unos límites claros y comprensibles para ellos.

Creencias limitantes que impiden poner límites

«No soy suficientemente bueno», «necesito aprobación de los demás», «tengo que complacer a los demás». «Ser buena persona es tomar las necesidades de los demás por encima de las mías». «La ira está mal», «ciertas emociones están mal», «no hay que sentir ira», «no hay que enfadarse, es mejor reprimir o negar las emociones que están mal». «Los demás se pueden sentir mal por mi culpa».

Todas estas creencias pueden impedir que hagamos respetar nuestro espacio personal y cedérselo al caballo. Esta cesión puede resultar en situaciones que ponen en peligro la integridad personal.

Por otra parte, albergar estas creencias limitantes genera ira y rencor. Estas emociones suelen ser reprimidas, lo que puede provocar el que surjan en el momento de ponerle límites al caballo. En este caso la forma de interactuar con él al establecer límites vendrá desde esas emociones. Y un límite que surge de una emoción de ira y rencor adopta una forma violenta.

«La violencia no es un límite, es un ataque».

CAPÍTULO 5

El recurso, coherencia cardíaca

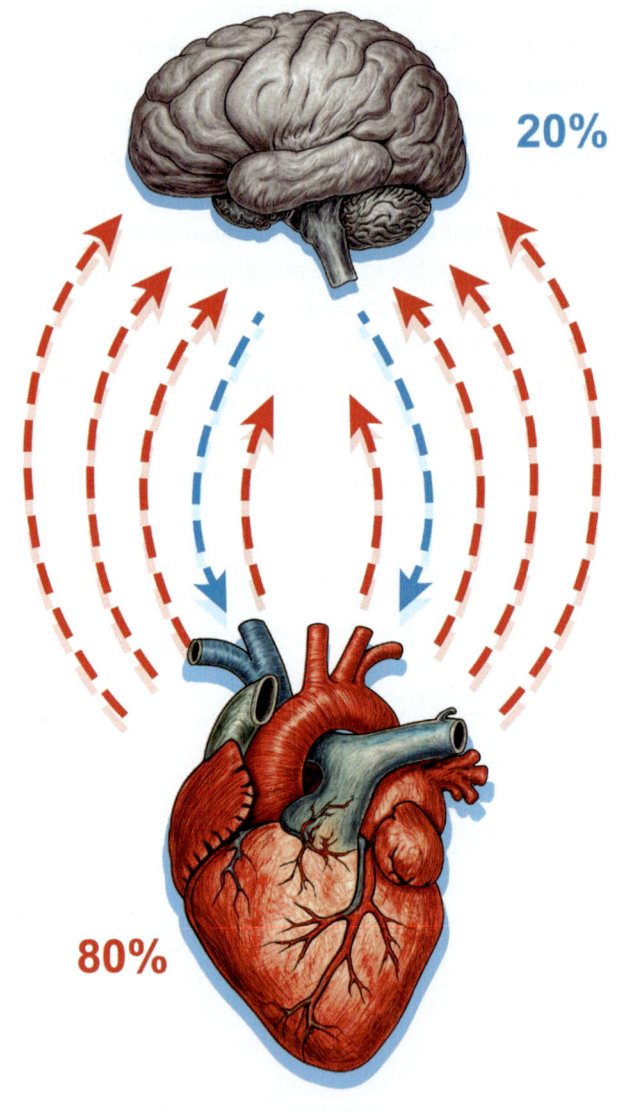

COMUNICACIÓN CEREBRO–CORAZÓN.

Ya hemos visto que estar en estado de coherencia cardíaca a la hora de comunicarnos energéticamente con el caballo nos ayuda a transmitirle una señal de seguridad. Pero eso es solo el principio de lo que la práctica de coherencia cardíaca puede acompañarnos a lograr.

Cuando practicamos diariamente coherencia cardíaca lo que estamos haciendo es entrenar nuestro sistema nervioso autónomo en el equilibrio. Este entrenamiento genera una nueva línea base de variabilidad de ritmo cardíaco más coherente. La línea base de variabilidad de ritmo cardíaco es diferente en cada persona, dependiendo de su edad, estilo de vida, nivel de estrés, condiciones personales, etc.

Una línea base de variabilidad de ritmo cardíaco más coherente nos brinda una serie de beneficios de valor incalculable. Veamos algunos de ellos:

1. Cambia nuestra percepción mental

«No vemos el mundo tal como es sino tal como estamos siendo».

Nuestra percepción mental depende de nuestras creencias y de las emociones que estamos experimentando.

Solo podemos tener pensamientos que se correlacionan con la emoción que estamos sintiendo.

¿Has observado alguna vez que cuando estás enfadado por algo en concreto pronto empiezas a encontrar más razones por las que estar enfadado? No es que el mundo conspire en contra de tu bienestar, lo que ocurre es que la emoción que estás sintiendo está asociada a un tipo de pensamientos, esos que se correlacionan con esa emoción de ira o enfado. Esto desencadena un círculo cerrado de desgaste de energía. El pensamiento genera una emoción agotadora, la emoción genera más pensamientos de enfado, los pensamientos más emoción agotadora, etc.

Vemos el mundo a través del filtro de nuestras emociones.

Otra cosa importante que debemos tener en cuenta en este punto es la comunicación entre el cerebro y el corazón.

¿Has intentado alguna vez cambiar una emoción de ira o de tristeza pensando que quieres hacerlo? ¿Te ha resultado sencillo? ¿Lo has logrado? La respuesta más probable es «no».

Las emociones se manifiestan en el corazón. De toda la información que circula entre el corazón y el cerebro, un 80 % va desde el corazón al cerebro y solamente un 20 % lo hace desde el cerebro al corazón. Entre otras cosas, porque las vías nerviosas que van del corazón al cerebro son mucho más numerosas que las que van del cerebro al corazón.

Podemos cambiar las emociones que experimentamos mediante un cambio de percepción mental, como ya hemos visto. Este cambio de percepción se puede realizar de forma automática cuando introducimos en nuestro día a día la práctica de la coherencia cardíaca.

Cuando empezamos a introducir esta práctica en nuestra rutina diaria generamos un espacio libre de pensamientos negativos, libre de resistencias.

Durante los estados de coherencia cardíaca los pensamientos que generan estrés, pensamientos de pasado y de futuro, desaparecen. En estado de coherencia cardíaca entramos en un espacio libre de resistencias, de creencias limitantes.

Cuando empezamos a practicar coherencia cardíaca, y con ello a experimentar más emociones renovadoras durante el día, ¡cambia nuestra percepción mental!

Los minutos que pasamos en estado de coherencia cardíaca siembran una semilla emocional que germina en pensamientos positivos. Al prestar atención a estos pensamientos positivos generamos más emociones renovadoras y la mente tiene más pensamientos que se correlacionan con esas emociones renovadoras. Así empezamos un nuevo ciclo coherente, emoción renovadora–> pensamiento renovador–> emoción renovadora–> (bis), que deriva en una nueva percepción mental sobre los acontecimientos que nos vamos encontrando en nuestro día a día.

Los estudios realizados por el Instituto HeartMath muestran que si se practica coherencia cardíaca 4 días a la semana durante 15 minutos diarios, en 6 semanas la línea base de variabilidad del ritmo cardíaco se vuelve más coherente.

Con esta sencilla práctica ¡podemos manejar el sistema encargado del 90 % de las funciones fisiológicas de nuestro cuerpo!: el sistema nervioso autónomo.

Recuerda que la percepción crea la realidad.

2. Autorregulación

La práctica de coherencia cardíaca nos provee de un espacio en el cual podemos responder en lugar de reaccionar.

Esto es algo que nos resulta extremadamente útil cuando nos relacionamos con caballos.

Entre el pensamiento y la emoción que se genera con ese pensamiento hay un espacio mínimo de tiempo. Generalmente aparece el pensamiento y la emoción le sigue instantáneamente. Esto a veces nos juega malas pasadas. ¿A quién no le ha ocurrido decir algo e inmediatamente arrepentirse de haberlo dicho? ¿O escribir un mensaje de WhatsApp y eliminarlo un segundo después? Habitualmente esto ocurre cuando la emoción que estábamos experimentando antes de decir o escribir eso de lo que después nos arrepentimos era una emoción agotadora. Esa emoción provenía de un pensamiento de estrés basado en el miedo. Ante esta emoción agotadora una parte de nuestro cerebro se bloquea y no podemos pensar con claridad. Recordemos que la emoción agotadora es una señal de peligro para nuestro organismo y si estoy en peligro no necesito pensar.

Ya hemos visto que con la práctica continuada de la coherencia cardíaca nuestra línea base de variabilidad del ritmo cardíaco se transforma en una mucho más coherente. A los beneficios de la coherencia cardíaca se une el de aumentar el espacio de tiempo que existe entre el pensamiento y la emoción.

El aumento este espacio entre el pensamiento y la emoción nos provee de unos instantes extra para poder elegir cómo queremos responder a la situación, en lugar de reaccionar automáticamente.

Esta habilidad mejora enormemente la toma de decisiones, lo que nos lleva a experimentar una mayor confianza en nosotros mismos y más estados de coherencia cardíaca en nuestra vida.

Por otra parte, también podemos usar la coherencia cardíaca para autorregularnos al instante en un momento determinado con una sencilla técnica que veremos más adelante: la Técnica de Coherencia Rápida®.

3. Presencia: observación, atención y concentración

Estar en un estado de coherencia cardíaca es estar en el presente.

El presente es el único momento que existe, donde se encuentra toda la información, el momento en el cual tiene lugar la verdadera comunicación.

Recuerdo que en una ocasión, hace ya bastantes años, me llamó la atención la actitud de un jinete que trabajaba a la cuerda a su caballo. Era un caballo joven, de unos 5 o 6 años.

El jinete solía equipar al caballo con vendas de polo, montura de doma, en la que dejaba los estribos colgando, y una brida de muserola cruzada con un filete de anillas. Una vez equipado lo llevaba a la pista, le pasaba la cuerda larga por una anilla del filete, después seguía el recorrido por detrás de la nuca del animal y finalmente enganchaba el mosquetón de la cuerda en la otra anilla del filete.

Ese día comenzó a trabajar al caballo a la cuerda con los estribos colgando. Cuando el caballo trotaba los estribos de metal iban golpeándolo en los costados. Al sentir los golpes aceleraba, a lo que el jinete respondía con un tirón de la cuerda que el caballo llevaba enganchada al filete, que estaba dentro de su boca

En ese momento me pregunté cuál era el objetivo de este entrenamiento. El caballo estaba desconcertado, recibía señales completamente contradictorias. Por una parte se le pedía que trotara, pero al obedecer la instrucción recibía un castigo, que eran los golpes de los estribos de metal en los costados. Por su reacción de huida ante algo tan inesperado y doloroso era de nuevo castigado, esta vez con un tirón de la cuerda que presionaba fuertemente su nuca y tiraba hacia arriba del filete que llevaba en la boca, ejerciendo una fuerte presión en una de las partes más delicadas del cuerpo de un herbívoro, la boca, la lengua y los belfos.

La lengua de un caballo está repleta de terminaciones nerviosas que lo ayudan a seleccionar y distinguir el sabor, la textura y temperatura de lo que come. La misma función que cumple nuestra lengua.

¿Has tenido alguna vez una llaga o un pequeño corte en la lengua? Parece algo totalmente insignificante, ¿verdad? Aun así no deja de ser bastante molesto. Si has traído a tu conciencia esa sensación podrás hacerte una idea de lo que pudo haber experimentado ese caballo cuando ante una reacción de huida lógica recibió esa fuerte presión en la cabeza y la boca.

Esto no fue lo que llamó mi atención aquel día. Lamentablemente, este tipo de situaciones, en el ambiente ecuestre por el que me movía en esos tiempos, estaban a la orden del día. Lo que me llamó la atención aquel día es que mientras el jinete le daba cuerda al caballo con una mano con la otra sujetaba el teléfono por el que estaba hablando. Añadido a todo lo anterior el caballo tenía que lidiar con la falta de atención y dirección del jinete.

Por su naturaleza, los caballos siempre van a buscar ahorrar energía. De su nivel de energía depende literalmente su vida. Si un caballo no tiene necesidad de correr, no lo hará. Por ello, si no tienen ningún motivo para seguir andando, trotando o galopando, pararán.

En el caso que estamos comentando, el caballo avanzaba por las señales y la presión que recibía del jinete. En el momento en que las señales cambian, sus respuestas cambian.

Mientras se desarrollaba la conversación telefónica, a la vez que le daba cuerda al caballo, el jinete de vez en cuando desviaba su atención hacia lo que estaba escuchando y la retiraba de lo que estaba ocurriendo con el caballo. Esto provocaba que su energía cambiara de dirección. Dejaba de dirigirla al caballo y se dispersaba. Ante la ausencia de las señales correctas para que siguiera avanzando, el caballo bajaba el ritmo, miraba al jinete y casi paraba. El jinete reaccionaba aumentando la presión drásticamente de repente. El caballo volvía a reaccionar acorde a la energía que recibía, dando un acelerón y de nuevo encontrándose con los golpes de los estribos en los costados y el tirón de cuerda que presionaba su cabeza y su boca.

La falta de presencia, observación, atención y concentración es algo que genera muchas dificultades a la hora de construir una relación de coherencia con el caballo.

Ese jinete no actuaba con mala intención; simplemente no era consciente de lo que estaba ocurriendo. Quizás pensaba que el caballo es un ser impredecible, nervioso y asustadizo. Es decir, tenía una idea preconcebida de cómo era el caballo y esa idea le impedía hacerse preguntas tales como qué es lo que hace que reaccione de esta manera.

Si el caballo es joven y la idea que tengo de los caballos jóvenes es que «son nerviosos» no se me pasará por la mente que pueda haber otra razón para su comportamiento. Concluiré que su comportamiento es «normal», así que ni si quiera me plantearé la pregunta. Con ello me perderé la verdadera causa de su comportamiento.

Toda respuesta de un caballo tiene una razón de ser, y cuando nosotros estamos trabajando con él, la razón solemos ser nosotros.

Es responsabilidad nuestra el ser conscientes de que el comportamiento de un caballo nunca es irracional, siempre tiene una razón de ser. Es nuestra responsabilidad abrir la mente y preguntarnos qué está pasando en cualquier situación en que no esté tranquilo.

Es nuestra responsabilidad dejar a un lado una idea preconcebida de la personalidad de un caballo para poder hacernos preguntas objetivas que den soluciones creativas a las situaciones incómodas que nos encontramos en la relación con ellos.

Es nuestra responsabilidad observar lo que está ocurriendo en el presente.

Es nuestra responsabilidad poner el 100 % de nuestra atención en la relación que estamos teniendo con el caballo cuando estamos interactuando con él.

No puede existir una relación de coherencia si el caballo no se siente seguro con nosotros.

La práctica diaria de la coherencia cardíaca nos permite desarrollar la capacidad de estar presentes y poder observar lo que está ocurriendo. Nos permite elegir dónde ponemos la atención y aumenta nuestra habilidad de mantener la concentración.

Con la práctica de la coherencia cardíaca nuestro sistema nervioso comienza a enviar una señal de seguridad a todo nuestro organismo. Ya no hay que preocuparse, todo está bien. Ya no necesito anticipar el futuro o recordar aquello del pasado por si vuelve a ocurrir, así que puedo estar en el presente y transmitirle esa seguridad al caballo.

En el presente es donde ocurre la vida, donde está la información, donde puedo observar lo que realmente está pasando y donde tengo los recursos para lo que sea que esté siendo.

Desde este nuevo estado más presente comienzo a ser mucho más consciente de los gestos del caballo. Empiezo a ver su mirada y distinguir claramente cuándo desea algo de mí de lo que él mismo no se puede proveer. Empiezo a observar que cuando un caballo me mira y después mira a otro lado y acto seguido me vuelve a mirar se está comunicando conmigo: hay algo en esa dirección de lo que quiere que yo sea consciente. Algo que implica un deseo o una necesidad suya y que no puede conseguir sin nuestra ayuda.

Los caballos se comunican con nosotros continuamente. Sin un estado de presencia no podemos percibir esta comunicación.

4. Desarrollo de la comunicación energética

Ya hemos visto que existe un tipo de comunicación que se da a través de los campos electromagnéticos del corazón y que opera por debajo de nuestro nivel de conciencia: la comunicación energética.

Hemos visto que el campo electromagnético del corazón lleva la información de nuestras emociones y pensamientos, que compartimos esta información con los demás y los demás comparten su información con nosotros, queramos o no, seamos conscientes de ello o no.

La primera comunicación que se da entre dos seres es la comunicación de corazón a corazón.

¿Esto quiere decir que esta comunicación es siempre amorosa? No, quiere decir que transmitimos y recibimos lo que hay en el campo electromagnético del corazón. Miedo o amor, estrés o coherencia, inseguridad o seguridad. A través de la comunicación energética recibimos exactamente lo que hay, la verdad de lo que está siendo.

Para poder beneficiarnos de este tipo de comunicación únicamente tenemos que tomar conciencia de que está, y para ello la presencia es fundamental. El único momento en que esta comunicación tiene lugar es el presente. Si no estamos presentes nos la perdemos.

Estar presente implica poner la atención en lo que está siendo, en lo que vemos, en lo que escuchamos, en lo que sentimos en el cuerpo en ese momento.

Si nuestro pensamiento está en el futuro, en lo que haré o tendré que hacer después, o si nuestro pensamiento se ha quedado anclado en alguna conversación o hecho que ya ha ocurrido, no estaremos en el momento presente.

Entre personas, como bien sabemos, también nos encontramos con dificultades a la hora de comunicarnos. Nos comunicamos a través del lenguaje verbal, pero muchas veces este no resulta muy claro. Cada uno de nosotros tenemos un concepto, es decir, unos significados asociados a las palabras, que puede ser diferente. Igualmente, cada uno de nosotros acumulamos diferentes experiencias asociadas a las palabras. Esto puede generar malentendidos e interpretaciones que pueden dificultar la comunicación.

Cuando nos comunicamos a través de la comunicación energética siempre transmitimos y percibimos lo que es, lo que realmente hay, la emoción y el deseo que existen tras las palabras.

Como los caballos no hablan español, ni inglés, ni cualquier otra lengua, la forma más eficiente de transmitirles información y de recibir la suya es a través de la comunicación energética.

Al utilizar de modo consciente esta forma de comunicación debemos tener algo en cuenta: que lo que transmitimos y recibimos es la verdad.

....

Al comunicarnos energéticamente no podemos fingir ni aparentar. En el momento de la comunicación trasmitimos lo que estamos siendo.

....

Los caballos son expertos en comunicación energética; basan su vida en ella, como buenos vividores de la experiencia en este planeta. Se guían por lo que hay, no por lo que puede haber. Si lo que hay es seguro, agradable o les genera curiosidad, se acercan. Si es inseguro, desagradable o inestable, se alejan. Se quedan donde se pueden desarrollar y se alejan de lo que les puede perjudicar.

Las personas también nos acercamos y alejamos de personas, circunstancias y situaciones, pero no nos acercamos a lo que nos desarrolla y nos alejamos de lo que nos perjudica, sino que lo que hacemos es acercarnos a lo que creemos que nos desarrolla y alejarnos de lo que creemos que nos perjudica. Por lo general utilizamos una herramienta maravillosa llamada juicio que nos permite evaluar y elegir en base a nuestras creencias y experiencias.

Esta forma de actuar y de caminar por la vida es muy útil y evolucionada, pero a estas alturas ya te habrás dado cuenta de que no es infalible y no siempre refleja la verdad. De que muchas veces elegimos algo que creemos que va a ser bueno para nosotros y termina siendo completamente desastroso, inseguro, desagradable y hasta peligroso. Y es que nos estamos basando en algo que creemos que puede ser, pero que no tenemos la certeza de que sea.

Cuando nos comunicamos desde la comunicación energética, el juicio queda aparte, no necesitamos creer que será lo que hay; solo necesitamos prestar a atención a lo que hay.

Como hemos comentado ya, los recursos para cualquier situación se encuentran siempre en el presente, pero para verlos y beneficiarnos de ellos necesitamos ser y estar en ese presente.

Cuando nos relacionamos con caballos la comunicación energética se está dando a cada instante, la información está presente a cada instante, pero ¿cómo hacemos para poder percibir la información que está presente en el campo electromagnético del corazón del caballo? ¿Cómo hacemos para saber qué es lo que está «diciendo»? ¿Cómo sabemos qué es lo que quiere o necesita de nosotros? Para todas estas cuestiones vamos a desarrollar lo que llamamos sensibilidad energética.

5. Sensibilidad energética

La sensibilidad energética es un tipo de intuición. Es la capacidad que tiene el sistema nervioso de detectar señales magnéticas del ambiente, de otros seres y de la tierra a través de los campos electromagnéticos.

Practicar coherencia cardíaca de forma habitual desarrolla nuestra capacidad de percibir la información que se encuentra en el campo electromagnético del corazón de aquellos con los que nos relacionamos, caballos y personas.

Cuando entrenamos nuestro sistema nervioso a través de la coherencia cardíaca para relacionarnos con los caballos, y además entramos en un estado de coherencia cardíaca cuando estamos con ellos, somos capaces de prestar atención a la información que hay más allá de sus gestos y su lenguaje corporal. Estamos abriéndonos la puerta a percibir un mundo de información enormemente más amplio. Estamos desarrollando nuestra comunicación energética.

Cuando introducimos la comunicación energética en nuestras relaciones con los caballos comienza a ocurrir esa magia que no es magia, sino ciencia.

Una de las primeras veces que fui consciente de esta «magia» de la comunicación energética fue con una yegua, «Fiona». Ella formaba parte del equipo de *coaches* equinos con el que trabajaba. También había trabajado anteriormente con ella en la escuela de equitación.

Aquel día «Fiona» tenía conjuntivitis, así que me disponía a ponerle unas gotas en los ojos para que mejorara. Fui al cercado donde vivía, le puse la cabezada de cuadra, coloqué el ramal alrededor de su cuello y me dispuse a abrirle el párpado para echarle las gotas. En el momento en que vio algo en mi mano (el botecito de las gotas) levantó la cabeza de forma brusca. Sus patas no se movieron del sitio, pero aun así era imposible alcanzar su cara. Cada vez que le pedía que bajara la cabeza con suaves presiones ella la bajaba, pero en cuanto veía que mi mano izquierda se acercaba a su ojo volvía a levantar la cabeza. Así estuvimos unos minutos, repitiendo los mismos movimientos. Entonces paré, la miré a los ojos, respiré profundamente y le dije mentalmente: «Solo quiero ponerte las gotas, es algo indoloro. Eso hará que tu ojo deje de lagrimear y atraer a las moscas». De repente bajó la cabeza a la altura de mis manos. Sin pensarlo acerqué mi mano izquierda a su ojo, le separé el párpado inferior con los dedos y con la mano derecha le puse las gotas. No se movió. Se quedó con la cabeza a la altura de mis manos. Yo la abracé y le di las gracias.

Sentí una sensación de plenitud indescriptible: acababa de comunicarme con la yegua sin palabras y ¡sin gestos!

Para comunicarnos de forma consciente mediante la comunicación energética hay dos claves que debemos tener en cuenta: estar en un estado de coherencia cardíaca y nuestra intención.

....

Los caballos perciben nuestras emociones y nuestras intenciones.

....

Nuestra intención se manifiesta de forma energética y también física a través de nuestro lenguaje corporal. Los caballos la perciben al instante.

En el caso de «Fiona», al principio mi intención era ponerle las gotas. Abrirle el ojo y ponerle las gotas. Esta intención llevaba implícitas unas emociones por mi parte. Aunque yo estaba calmada y me acerqué a ella con seguridad y confianza, en el momento en que observé su reacción de levantar la cabeza bruscamente al ver el bote de las gotas, las emociones de incertidumbre se hicieron presentes. Seguí con la intención de ponerle las gotas, lo que ahora generaba en mi cierto nivel de estrés.

En el momento en que cambió mi intención cambió mi energía. Dejé de desear ponerle las gotas; lo que ahora deseaba era que el ojo de «Fiona» mejorara, que ella estuviera bien. Ese deseo llevaba la imagen de mi mente del ojo de «Fiona» limpio, seco y con la parte interior del párpado rosado, en lugar de enrojecido, lo que generaba en mí una mezcla de alivio y serenidad. Eso fue lo que la yegua percibió. Percibió la energía que emanaba de mi intención. Después de esta experiencia quedé fascinada.

La comunicación energética me ha permitido enriquecer enormemente la relación con los caballos. Me ha permitido entenderlos, preguntarles y recibir respuestas de ellos. No es magia, es ciencia.

Cuando un caballo se da cuenta de que lo comprendemos, su confianza en nosotros aumenta de forma exponencial.

La comunicación energética no es algo que siempre podamos poner en palabras, pero es algo que siempre podemos sentir; solo necesitamos voluntad para practicarla.

Técnica de Coherencia Cardíaca

Ya hemos visto algunos de los beneficios que nos aporta la práctica diaria de estados de coherencia cardíaca. Ahora vamos a aprender una sencilla técnica que ha desarrollado el Instituto HeartMath para poder entrar en un estado de equilibrio de forma rápida y sencilla: la Técnica de Coherencia Rápida®.

La Técnica de Coherencia Rápida® va a ser el centro de nuestra relación de coherencia con el caballo. La introduciremos en nuestra vida diaria y en la práctica de todos los ejercicios planteados en este libro.

Esta técnica actúa directamente sobre el sistema nervioso autónomo equilibrando sus dos ramas: el sistema nervioso simpático y el sistema nervioso parasimpático, lo que resulta esencial para la homeostasis, el proceso mediante el cual el cuerpo mantiene un ambiente interno estable y constante, a pesar de los cambios en el exterior.

A diferencia de otras técnicas de respiración, en las que experimentamos una profunda relajación y hasta sueño, esta técnica genera un estado en el cual nos encontramos relajados y despiertos, listos para prestar atención y actuar. Esto se debe a ese equilibrio entre el sistema simpático y el parasimpático.

Podemos utilizar la Técnica de Coherencia Rápida® para autorregularnos en cualquier momento en que necesitemos romper el ciclo del estrés: pensamiento de estrés–> emoción agotadora–> (bis).

También podemos usarla cuando deseemos entrar en un estado de equilibrio, seguridad y comunicación coherente con un caballo. Como, por ejemplo, antes de entrar en contacto con él, si experimento una emoción agotadora mientras me comunico con él, para aumentar la percepción de la información energética que transmite, etc.

Igualmente podemos usar esta técnica para autorregularnos en cualquier situación de nuestra vida personal. Como, por ejemplo, antes de entrar en casa al volver del trabajo, antes de una conversación importante, para renovar nuestra energía haciendo una pausa durante un trabajo de concentración, antes de una cita médica, siempre que desee transmitir seguridad y confianza a los demás, etc.

Ya hemos visto que una de las claves de los estados de coherencia son las emociones con las que nos sentimos bien. Las llamamos emociones renovadoras por el efecto que ejerce sobre los procesos de desarrollo, renovación y reparación, la química que liberan en nuestro organismo.

Para entrar en coherencia de una forma rápida y efectiva vamos a añadir dos claves más a esas emociones renovadoras, que son la respiración y la atención.

Hemos hablado de que el estado de coherencia cardíaca es un estado de equilibrio en el organismo que deriva del equilibrio de las dos partes del sistema nervioso autónomo, el sistema simpático y el parasimpático.

Una respiración que ayuda a equilibrar el sistema nervioso autónomo es una respiración un poco más lenta y profunda de lo normal, en la que la inhalación y la exhalación duran lo mismo. Por ejemplo, respirar de forma profunda contando hasta 5 en la inhalación y contando hasta 5 en la exhalación es una opción. Puedes contar 4-4 o 6-6, o cualquier otro ritmo; lo importante es que la respiración sea más lenta y profunda de lo normal y que te sientas cómodo, sin que te falte el aire.

También es importante que al respirar completes la inhalación y la exhalación, es decir, que exhales todo el aire y después inhales, en lugar de inhalar cuando todavía queda aire que no has exhalado.

La otra clave es la atención. La atención la vamos a poner en el área del corazón. No es necesario sentir el corazón, simplemente pondremos la atención en esa área para retirarla de cualquier otro lugar y acompañar al corazón a que sus ritmos sean más coherentes. Llevar una mano al pecho, a la altura del corazón, nos ayuda a enfocar ahí la atención.

Por último, experimentaremos de forma voluntaria una emoción renovadora. Puedes elegir experimentar cualquier emoción con la que te sientas bien, como alegría, amor, paz, etc. El sentimiento con el que a mí personalmente me gusta más practicar esta técnica y me resulta más sencillo es un sentimiento de gratitud. Siempre hay algo por lo que podemos estar agradecidos, así que es fácil encontrar el sentimiento renovador. También puedes recordar algún momento de tu vida en que hayas experimentado emociones renovadoras, como algún logro personal, un día especial o recordar algo que te inspire ternura, como la imagen de tu mascota o un bebé. Cualquier escena que genere una emoción renovadora servirá.

El paso a paso es el siguiente:

Técnica de Coherencia Rápida® HeartMath

1. Comienza a respirar un poco más despacio y más profundo de lo normal. Puedes contar hasta 5 en cada inhalación/exhalación, o cualquier otro ritmo que te resulte más cómodo.

2. Después pon la atención en el área del corazón. Imagina que el aire entra y sale del corazón con cada respiración. Recréate en esa experiencia.

3. Una vez que te encuentras totalmente en la experiencia de respirar con el corazón experimenta un sentimiento de gratitud por algo, o por alguien, que se encuentre actualmente en tu vida.

4. Practica esta técnica durante 5 minutos.

Encontrarás un audio de esta técnica guiada en el siguiente código QR:

**TÉCNICA
COHERENCIA CARDÍACA**

Mi recomendación para trabajar con caballos es desarrollar la coherencia cardíaca con la práctica diaria. Practica esta técnica durante 5 minutos diariamente. Cuanto más la practiques más rápido experimentarás los resultados. Si la practicas 3 veces al día, mejor que una. Si la practicas 10 o 15 minutos, mejor que 5.

Resulta útil anclar esta técnica con alguna rutina diaria. Por ejemplo, puedes practicarla al levantarte y al acostarte, antes de entrar al trabajo, antes de llegar en casa, después de lavarte los dientes, etc. Introdúcela allí a donde se te ocurra y te resulte más fácil. ¡Cuanto más la practiques mejor!

CAPÍTULO 6

La relación de coherencia con el caballo

«El éxito en la relación con el caballo depende de la búsqueda de la dicha propia y la suya».

Una relación de coherencia es una relación de confianza, aceptación e igualdad, en la que experimentamos seguridad, bienestar y alegría. Una relación en la que nos apetece estar, compartir y aportar. Una relación basada en el amor.

Establecer una relación de coherencia con el caballo pasa por establecer una comunicación coherente con el caballo. Una comunicación coherente es una comunicación alineada con una intención clara, congruente con nuestros valores, en la cual tomamos al otro como parte de nosotros mismos, tenemos en cuenta sus necesidades además de las nuestras y actuamos en el mayor beneficio de ambos.

Ser conscientes de nuestra responsabilidad en esta labor es el primer paso para generar una relación de coherencia con el caballo.

La responsabilidad de que la relación persona-caballo sea una relación satisfactoria siempre es de la persona, nunca del caballo.

Para poder desarrollar una comunicación coherente con caballos necesitamos, como ya hemos visto, conocernos a nosotros mismos y gestionar nuestras emociones, entre otras cosas para saber lo que le estamos transmitiendo al caballo. Además de eso necesitamos conocer su naturaleza; cómo percibe el mundo, a través de sus 5 sentidos y mediante la comunicación energética; su biomecánica, fisiología y anatomía básicas, y también cómo se comporta, etología.

No me puedo relacionar con un caballo de una forma coherente si no lo conozco. Lo que no se conoce no se puede comprender, lo que no se comprende no se puede aceptar y lo que no se acepta no se puede amar.

La relación de coherencia con un caballo es una relación basada en el amor. Es una relación de escucha, comprensión, aceptación y comunicación.

Cuando hablamos de una relación de coherencia hablamos de que las dos partes que se relacionan son igual de importantes. Hablamos de una relación sana, basada en la confianza, en la que las necesidades de las dos partes son importantes y por ello tenidas en cuenta. Hablamos de una relación en la que la comunicación es bidireccional. Los dos comunican y los dos atienden al mensaje del otro.

Una relación en la que uno siempre pide y el otro siempre da, en la que uno marca los tiempos y el otro se adapta a los intereses del uno, en la que uno marca su objetivo sin tener en cuenta el dolor físico del otro, en la que uno elige el equipamiento por encima de la comodidad y la libertad de movimientos del otro, en la que uno exige ser escuchado y no escucha al otro… ¿qué tipo de relación es? ¿Qué nombre le pondrías? Desde luego no es una relación amorosa, no es una relación de confianza, no es una relación de respeto, no es una relación de igualdad, no es una relación sana, no es una relación de coherencia. Es una relación tóxica en la que estará presente la dominancia en lugar de la colaboración.

Durante mucho tiempo, y en muchos lugares del planeta, estas relaciones de dominancia han sido, y en algunos lugares siguen siendo, las que las personas han mantenido con los caballos.

Hoy sabemos cosas que antes no sabíamos. Afortunadamente, las nuevas generaciones ya disponen de nuevos conocimientos que hemos ido adquiriendo sobre los caballos. Cada día surge nueva información, nuevos estudios científicos que aportan más datos y nos ayudan a comprenderlos mejor.

Yo misma, cuando empecé a relacionarme con caballos, no sabía nada de ellos. Aprendí lo que los profesionales de aquella época me enseñaron, que fue lo que a ellos les habían transmitido. Aprendí a relacionarme con los caballos desde la dominancia. Eso nunca me funcionó en lo que a mi propio bienestar se refiere, y también al de los caballos con los que me relacionaba. Recuerdo que me pasé un año entero subiéndome a un taburete para poder ponerle la cabezada a mi caballo porque levantaba la cabeza cuando se la iba a colocar. Entonces no comprendía lo que estaba pasando; más adelante fui consciente.

Aprendí a no escuchar al caballo, a tener una idea preconcebida de él en base a lo que me contaban. Aprendí a adelantarme a sus decisiones para que siempre fueran las mías las que se llevaran a cabo. Aprendí a que los caballos «no me ganaran». Todo mi aprendizaje partió de la premisa de la competición, la lucha, la fuerza y el control, es decir, de la dominancia.

Establecer una relación de coherencia con el caballo pasa, en primer lugar, por crearla, y después por mantenerla.

Cuando empezamos a relacionarnos con un caballo que no conocemos el primer paso será establecer una relación de coherencia. Este paso debería ser el primero en cualquier escenario, y por supuesto debe ser el paso previo a cualquier entrenamiento.

Lo ideal es que el primer contacto que tenga un potro con una persona sea para establecer esta relación de coherencia. Sin embargo, ya sabemos que la posibilidad de encontrarnos de nuevas con un caballo adulto que no ha experimentado esta relación es muy elevada. Es más, la probabilidad de que nos encontremos con un caballo que viene con traumas y miedos aprendidos, por el tipo de comunicación que ha tenido con las personas durante su vida, desafortunadamente también es alta.

Se puede establecer una relación de coherencia con todos los caballos.

Esto no significa que pueda usar a todos los caballos para mis intereses, pues ya hemos visto que la relación de coherencia es cosa de dos, pero sí que me puedo relacionar con cualquier caballo de forma tal que los dos experimentemos confianza, aceptación, seguridad, bienestar y alegría.

Vamos a ver cómo podemos crear una relación de coherencia y también cómo entrenarla para que se establezca. Comencemos por profundizar en algunos conceptos.

Dominancia, un concepto que impide la relación de coherencia

La dominancia que una persona ejerce sobre un caballo viene determinada por la identificación que tiene con una idea concreta de sí misma, es decir, por un autoconcepto determinado.

La dominancia en las relaciones surge del miedo y de la falta de confianza que se tiene en uno mismo a la hora de relacionarse desde la igualdad.

En la dominancia están muy presentes el control, la anticipación, la imposición, la ignorancia, la desvalorización, la competición, la lucha, la agresión y la separación.

El control «mata» la conexión.

En las relaciones persona-caballo en las que la dominancia está presente existen dos líneas de ideas fundamentales:
- «Yo, como humano, soy más importante que el caballo, soy un ser superior y tengo derecho a someter a todo ser al que, bajo mi propio criterio, considero inferior».
- «El caballo es más poderoso que yo, más grande y fuerte, me puede hacer mucho daño y necesito dominarlo para poder estar a salvo en cualquier situación».

Estas dos ideas provienen de la separación y la comparación, es decir, del ego.

El ego siempre se ve diferente a los demás. Se puede ver superior, más importante, más inteligente, más especial, etc. o se puede ver inferior a los demás, menos importante, menos inteligente, menos especial, etc. En los dos casos existe separación y comparación con los otros. Esto indica falta de autoestima, que lleva a poner en marcha estrategias de manipulación y control.

Estas son ideas distorsionadas de la realidad. Aun así recordemos que la función de la mente es buscar coherencia entre nuestras creencias y la realidad.

Y que encontraremos evidencia de toda idea que se mantenga activa en nuestra mente.

¿Entonces cómo sé que estas dos son ideas distorsionadas de la realidad? Simple: porque no me permiten establecer una relación de coherencia con el caballo, porque generan emociones agotadoras, porque conllevan creencias limitantes y porque no están alineadas con el propósito de crear una relación de coherencia. Estas ideas no encajan en la realidad en la que tengo una conexión profunda con el caballo.

La vida tiende al bienestar. Las relaciones sanas tienden al bienestar de las dos partes que se están relacionando. Si no hay bienestar estamos alejándonos de la vida. Si no hay bienestar vamos por el camino contrario a la vida y la vida es relación.

Mientras la persona confía en el caballo, el caballo confía en la persona.

Para que una persona confíe en un caballo primero necesita confiar en sí misma.

No es posible confiar en otros si no confiamos en nosotros mismos. Si no confiamos en nosotros, si nos juzgamos negativamente en algún aspecto siempre habrá un pensamiento de que el otro puede juzgarnos de esa misma manera. Puedo acabar pensando que el otro tiene una idea de mí en su mente que a mí no me gusta. Como pienso que la tiene me molesta y actúo como si realmente pensara eso de mí. Me relaciono con él desde la idea que creo que tiene de mí. ¿Cuánto confío en una persona que tiene una idea negativa de mí? Poco, así que me relaciono desde la desconfianza, la incoherencia. Pero en realidad, ¿quién tiene esa idea de mí en la mente? ¡Yo!

No es posible confiar en otros si no confiamos en nosotros mismos.

No es posible confiar en un caballo si no confiamos en nosotros mismos.

Que la confianza esté presente a la hora de relacionarnos con caballos pasa por conocerlos y por conocernos a nosotros mismos.

Para transformar la dominancia sustituiremos esas líneas de ideas que la generan por estas nuevas:

• «El caballo es un individuo, como yo, es un ser sintiente, como yo, con una fuerte tendencia a sentirse bien, como yo. Con un cuerpo físico que cuando no está en equilibrio experimenta dolor, como yo. Con una mente curiosa que necesita variedad para no aburrirse, como yo. Con una dimensión emocional sensible que ante un sentimiento de inseguridad experimenta estrés que genera desequilibrios en su mente y su cuerpo, igual que me ocurre a mí cuando me siento inseguro».

• «Soy un ser completo, lleno de recursos y diseñado para caminar por la vida sintiéndome pleno en cualquier situación. Soy un ser poderoso y tomo conciencia de ello cuando actúo en coherencia conmigo mismo».

**En ausencia de miedo la dominancia desaparece.
Para poder establecer una relación de coherencia la dominancia
debe transformarse en colaboración.**

Colaboración

**«La colaboración crea algo que antes no existía, al proporcionar
una función y un propósito a cada elemento».**
Un curso de amor, MARY PERRON

La colaboración es el proceso de trabajar juntos para conseguir un objetivo. Nuestro objetivo en este caso es desarrollar una relación coherente con el caballo, y me atrevo a asegurarte que ese mismo objetivo es el que el caballo desea en su relación con una persona.

La colaboración es algo natural para los caballos. Son animales de manada y en estado natural conviven y colaboran para el mayor beneficio del grupo.

Los humanos también somos animales de manada, la colaboración también es algo natural para nosotros, pero cuando el miedo hace acto de presencia, se ve comprometida. El miedo trae desconfianza y diversas interpretaciones mentales, que derivan en más desconfianza, más miedo y… ¡empiezan la competición y la lucha!

La verdadera colaboración surge de la conciencia de que lo que es bueno para uno es bueno para otro, de que dar es lo mismo que recibir y que las necesidades del otro son mis necesidades.

Colaborar con un caballo desarrolla intimidad en la relación. De esa colaboración florecen la dicha y un sentimiento de unión que expande la conexión profunda con él.

Tiempo, un concepto que conviene redefinir

«Solo hay una forma de perder el tiempo: abandonar el presente»

El tiempo es el medio por el cual nos relacionamos, creamos, disfrutamos, etc. Si lo usamos como lo que es, un recurso de aprendizaje, obtendremos el mayor beneficio de él.

Para crear una relación de coherencia con el caballo debemos entender el concepto de tiempo como un recurso de aprendizaje.

Usar el tiempo como recurso de aprendizaje significa atender a lo que está ocurriendo en el tiempo, es decir, lo que está ocurriendo en el presente.

En el presente es donde está la información, donde se encuentran los pensamientos y las emociones, los deseos y las creencias.

El presente es donde están ocurriendo la relación, la comunicación y la vida.

Prestar atención a lo que está ocurriendo en la vida desarrolla y eleva nuestra capacidad de comunicarnos y también nuestro crecimiento personal.

Cada vez que nos sumergimos en el momento presente elegimos consciente o inconscientemente, guiados por nuestras creencias, dónde enfocar la atención. En el presente están ocurriendo muchas cosas. Si me enfoco en aquellas cosas del presente con las que experimento emociones agotadoras entro en estado de estrés; en cambio, si me enfoco en aquellas cosas del presente con las que experimento emociones renovadoras entro en estado de coherencia cardíaca.

En estado de coherencia cardíaca el tiempo desaparece.

¿Alguna vez has estado haciendo algo que te gustaba mucho y te pareció que el tiempo pasaba volando? En ese momento estabas presente y en estado de coherencia cardíaca.

El tiempo es algo completamente subjetivo, nuestra percepción de él depende de los pensamientos y emociones que experimentamos en cada momento.

El tiempo nunca es un obstáculo, y si alguna vez nos lo parece es que no le estamos dando el sentido que tiene y por ello no obtenemos beneficio de él.

Sabemos que los caballos son animales herbívoros y que son presa de depredadores. Esta condición les confiere una percepción del tiempo muy diferente a nuestra. Por una parte, porque nosotros somos depredadores. Somos cazadores que necesitamos pensar en el futuro para calcular cómo alcanzar nuestro objetivo, la presa. Necesitamos calcular el espacio entre nuestra presa y nosotros, con lo que nuestra percepción del tiempo va en relación a cuánto nos va a costar recorrer esa distancia para poder saber desde dónde lanzarnos a por la presa. Y, por otra parte, es diferente porque somos humanos, y en esta condición entra en juego nuestro concepto de tiempo, que va unido a nuestras creencias y emociones.

Los caballos viven en el presente, no necesitan cazar, su comida está disponible, no se mueve, no corre, no se esconde, ni se escapa. Los caballos no tienen que llegar a ningún sitio a una hora determinada. No necesitan manejar el tiempo para sobrevivir, lo utilizan como un recurso de aprendizaje. A través del tiempo exploran su entorno, aprenden a relacionarse con otros caballos, en cautividad aprenden las señales ambientales e internas que les indican que es la hora de comer, etc.

Adaptarnos a la percepción del tiempo que tiene un caballo cuando nos relacionamos con él promueve que entremos en su misma línea de comunicación

---

La línea de comunicación de un caballo es aquella que resulta comprensible para él. Esta línea es la comunicación en estado de coherencia.

Cuando nos relacionamos con un caballo en estado de coherencia percibimos la comunicación energética al instante. La comunicación energética es inmediata, a diferencia de la comunicación a través de los sentidos, que requiere de tiempo para procesar la información de forma mental.

Usar el tiempo como recurso de aprendizaje, combinado con un estado de coherencia cardíaca, constituye un uso óptimo del tiempo cuando nos relacionamos con un caballo.

Los tres pilares

Donde hay estrés no puede haber coherencia.

Un caballo que experimenta estrés está en modo supervivencia. Un caballo en modo supervivencia está centrado en él mismo, en protegerse, sobrevivir, no en relacionarse, y mucho menos en aprender.

Lo mismo ocurre con una persona que experimenta estrés: está centrada en ella misma, en protegerse y cuidarse, no puede centrarse en escuchar las necesidades o problemas de los demás. En un momento de «peligro» no cabe la empatía. Imagina que te está persiguiendo un león y a un ser querido le está persiguiendo otro león al mismo tiempo… ¿Qué crees que harías? No tendrías más opción que intentar salvar tu vida o dejar que te agarrara el león.

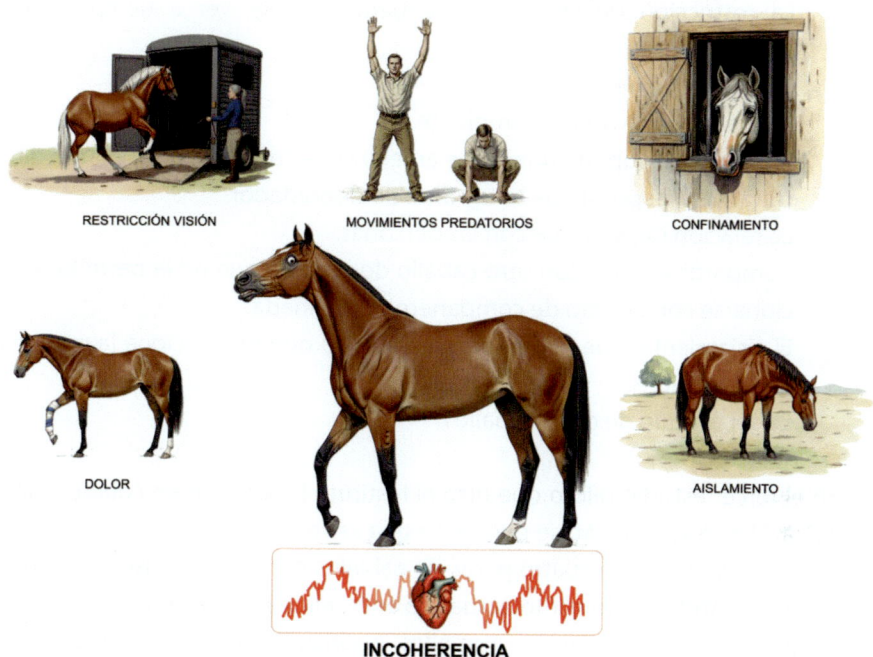

RESTRICCIÓN VISIÓN — MOVIMIENTOS PREDATORIOS — CONFINAMIENTO

DOLOR — AISLAMIENTO

INCOHERENCIA

Generar una relación de coherencia pasa por evitar y liberar el estrés, no solo de nosotros mismos sino también del caballo.

¿Qué es lo que genera estrés en el caballo?

Sabemos que es un animal de presa, y por ello todo aquello que el caballo pueda relacionar con un depredador le genera estrés, todos aquellos factores que le impidan detectar a un depredador a tiempo le van a generar estrés y todos aquellos que impidan que sus necesidades básicas estén cubiertas le van a generar estrés, como, por ejemplo, y entre otras cosas:

- Los movimientos bruscos, rápidos o inesperados.
- Los ruidos fuertes.
- Los movimientos altos o bajos de una persona que simulen el ataque de un depredador que se lanza a su lomo con las garras delanteras en alto (brazos en alto) o de uno escondido en la hierba, agachado esperando a lanzarse a por él.
- El olor a la química del estrés que se desprende del sudor.
- La restricción de movimiento, que impediría una posible huida.

- La restricción de visión, que impediría poder ver a tiempo a un depredador.
- La restricción de comida.
- Los cambios de rutina o ambiente.
- El dolor, que supone una grave amenaza de supervivencia, ya que dificultaría su respuesta de huida ante un depredador.
- La relación incoherente con las personas.
- Compartir espacio con otro caballo dominante que no le permita relacionarse con el resto de compañeros de manada.
- El aislamiento, que impediría la seguridad que proporciona la manada ante el peligro.
- La separación de otros caballos.

En el tercer estudio piloto que hizo el Instituto HeartMath en colaboración con la Dra. Ellen Kaye Gehrke se realizaron una serie de mediciones de variabilidad de ritmo cardíaco con cuatro pares de caballos para poder observar signos emocionales cuando estaban interactuando entre ellos. Dos de los pares eran caballos que interactuaban mucho entre ellos, podríamos decir que eran amigos, los miembros del otro par rara vez interactuaban entre ellos y el cuarto par era una yegua y su potro de 4 meses.

En las mediciones de los caballos de los dos pares que interactuaban entre ellos se observó sincronización en la variabilidad de los ritmos cardíacos. Entre los caballos que rara vez interactuaban no se mostró ningún tipo de relación entre su variabilidad de ritmo cardíaco. Cuando los caballos fueron separados y apartados uno de la vista del otro, las mediciones de los caballos amigos mostraron niveles significativos de estrés. En el caso de la yegua y su potro no pudieron apartarlos lo suficiente como para que no se vieran, ya que la reacción de estrés que presentaron fue muy elevada.

De este tercer estudio se concluye que los caballos son seres sintientes. Tal como ha quedado demostrado por sus reacciones de estrés al separarlos de sus compañeros. Ellos son conscientes de y están conectados con otros caballos.

....

Los caballos son seres sintientes que experimentan reacciones emocionales cuando ocurren cambios en su situación, igual que nosotros.

....

Teniendo esto en cuenta vamos ahora a centrarnos en los tres pilares que constituyen la piedra angular para poder liberar de estrés al caballo:

1.   Necesidades del caballo satisfechas.
2.   Tratar al caballo como a un igual.
3.   Ofrecer seguridad al caballo-liderazgo coherente

1.   Necesidades del caballo satisfechas

Las necesidades no satisfechas generan estrés.

Sabemos que el caballo es un animal de presa y que en libertad vive en manada. Su seguro de vida frente a un depredador, además de la eficacia de su propia respuesta de huida, es la manada.

Los caballos se organizan dentro la manada. Por ejemplo, dentro de una manada encontramos generalmente a un caballo que vigila, el centinela, mientras los demás pastan, descansan, amamantan a sus crías, etc. Este caballo es el primero que verá el peligro y lo transmitirá a los demás. El rol de centinela va cambiando; cada vez lo adopta un caballo, con lo que todos tienen espacio para relajarse.

Dentro de la manada los caballos se relacionan entre ellos. Unos duermen al abrigo de la grupa de los otros, algunos juegan entre sí, otros se rascan la cruz y la grupa mutuamente, otros se dan mimos, etc.

Estas acciones son comportamientos generadores de oxitocina, la hormona que crea las conexiones afectivas y sociales. Con la liberación de oxitocina se refuerza la unión y la seguridad de la manada.

A los caballos les gustan los lugares elevados, desde donde pueden tener una mejor visión de los alrededores para poder avistar rápidamente un posible depredador. Los espacios abiertos son un buen lugar para ellos.

Durante un viaje a Mongolia tuve la oportunidad de observar a los Thaki, los famosos caballos de Przewalski, en el Parque Nacional Hustai. Los Thaki son los únicos caballos salvajes que quedan en el mundo. Todos los demás equinos que viven en estado salvaje provienen de caballos domésticos.

Los Thaki pasan el día en lo alto de las montañas, pastando a la vez que caminan, y cuando se pone el sol bajan a los arroyos a beber agua. Si quieres divisarlos durante el día tienes que buscar en las alturas.

Los caballos en estado salvaje caminan una media de entre 6 y 8 horas al día, a la vez que pastan. Sus estómagos son pequeños y están

diseñados para comer pequeñas cantidades de hierba, que van ingi-
riendo poco a poco durante el día. Se pasan entre 13 y 18 horas al día
pastando.

Los cuerpos de los caballos domésticos están preparados y diseñados de la misma forma, aunque en cautividad no resulta habitual verlos
llevando un estilo de vida adecuado a sus características.

**Para el caballo, un estilo de vida como el que tendría dentro de una
manada es una necesidad.**

Para sentirse seguro necesita una manada, para sentirse bien necesita su dosis de oxitocina, para desarrollarse como caballo necesita socializar con otros caballos y para estar sano necesita una alimentación
acorde a su aparato digestivo.

**El aislamiento, la visión reducida, el confinamiento, la alimentación
inadecuada y la falta de ejercicio generan estrés en el caballo.**

Estos estados propician su vulnerabilidad y un caballo vulnerable
es una presa fácil. El caballo no necesita analizar ni racionalizar su vulnerabilidad; su instinto lo sabe y eso le genera estrés.

Igual que nos ocurre a nosotros, en los caballos bajo estados de
estrés el flujo sanguíneo del cuerpo se redirige, la química del estés se
libera y el sistema inmunitario se debilita.

El estrés causa verdaderos estragos en los caballos, desde estereo-
tipias a úlceras en el estómago, problemas de piel, infertilidad, lamini-
tis, infosuras, contracturas, comportamientos reactivos, todo tipo de
problemas emocionales y hasta inmovilidad completa.

Hubo una época en que trabajaba en un centro ecuestre de un ho-
tel rural en un pueblo de Teruel. Los caballos daban paseos para turistas y alguna clase de equitación. En el centro había dos ponis Shetland,
«Sansón» y «Micky». Estaban destinados a los niños más pequeños, pero
solo «Sansón» cumplía esa función. «Micky» no caminaba, literalmente.

«Sansón» era tordo oscuro, con las crines negras, un poni joven
no recuerdo de qué edad exacta, pero debía tener unos 4 o 5 años.

«Micky» era bastante más mayor, castaño, con ojos tristes y cascos muy largos. Los dos vivían en un box de caballo con paredes de obra y una puerta que quedaba a la altura del cuello de un caballo, lo que significaba que no veían nada más que cuatro paredes de cemento cuando estaban dentro del box, que era siempre que no estaban siendo montados por niños. Para «Micky» era siempre.

En los ratos libres, mi compañero y yo los sacábamos fuera para liberarlos de su cautiverio. «Micky» daba pasitos minúsculos, casi teníamos que levantarle las patitas para que pudiera caminar. El dueño no estaba por la labor de llamar al veterinario y a mí, cada vez que lo veía, se me encogía el alma.

Cuando llevaba 4 meses trabajando allí le pedí al dueño que me dejara llevarme a «Micky», total allí solo era una boquita más que alimentar. Por fortuna me dijo que sí. Lo primero que hice fue llamar al herrador para que le arreglara los cascos. Eso le ayudó a moverse mejor, pero aun así le costaba mucho caminar. Así que llamé a mi amiga Lucía, una excelente veterinaria de caballos, que vino a inspeccionar a «Micky» antes de llevármelo. Tras los exámenes Lucía me dijo que el poni estaba sano, no encontró ningún problema físico. Así que alquilé un remolque y me lo llevé a Valencia, a la yeguada donde vivía mi caballo, «Bilbaíno», por aquel entonces. En esa yeguada los caballos macho vivían en cercados individuales y las yeguas todas juntas en un corral grande.

Cuando llegamos, «Micky» bajó despacito del remolque. Lo pusimos en un cercado con un poco de heno y allí se quedó tranquilo.

Cuando volví ¡el poni era otro! No solo caminaba perfectamente, sino que ¡galopaba! Yo estaba alucinando. Como era muy bajito podía ingeniárselas para pasar por debajo de las barras y los pastores que delimitaban los cercados y paseaba a sus anchas por toda la yeguada. Tras unos días acabó instalándose en el cercado de las yeguas, donde ellas lo trataban como a un rey.

«Micky» estaba feliz, libre de estrés, y cuando salíamos a pasear al monte del ramal trotaba alegremente. La razón por la que «Micky» no caminaba era claramente el estrés. Verse privado de sus necesidades de caballo generó tal nivel de estrés en su organismo que se bloqueó hasta el punto de dejar de caminar.

El estrés no debe ser subestimado; las necesidades de un caballo tampoco.

Masticar de 13 a 18 horas al día es una necesidad para el caballo.

El estómago de un caballo es pequeño en comparación con su cuerpo, está diseñado para comer pequeñas cantidades de comida repartidas durante el día. No para ingerir en únicamente dos o tres tomas toda la cantidad de alimento que necesita su cuerpo. Este tipo de alimentación le genera estrés y en muchas ocasiones también úlceras en el aparato digestivo y otros problemas de salud. Una consecuencia común de este tipo de alimentación es el bruxismo. El caballo está diseñado para mover la mandíbula de 13 a 18 horas al día. Mover la mandíbula ejercita los músculos de la cara, libera tensiones, mejora la circulación y evita el bruxismo.

Caminar al paso una media de entre 15 a 20 kilómetros al día es una necesidad para el caballo.

¿Has observado lo que le ocurre a una persona que no mueve el cuerpo? ¿De qué forma afecta eso a su salud física y mental?

El cuerpo del caballo está diseñado para caminar en libertad. No para estar parado 23 horas al día.

La falta de movimiento en libertad genera estrés en el caballo.

¿Te acuerdas de la pandemia del 2020? Probablemente tuviste la experiencia de estar confinado. ¿Te imaginas que en lugar de haber estado confinado en toda la superficie de tu casa hubieras estado encerrado en el cuarto de baño? ¿Te puedes imaginar la situación de estar en el cuarto de baño 23 horas al día? Imagina también que esa hora en la que pudieras salir del cuarto de baño no se te permitiera caminar con libertad, sino que la forma de moverte la determinara una persona que te llevara agarrado. ¿Te imaginas que cada vez que intentaras probar a moverte libremente recibieras una corrección o incluso un castigo? Todavía hoy muchos caballos viven en una situación equivalente.

Nos hemos acostumbrado a ver a los caballos en un estado completamente antinatural para ellos. Y esa costumbre nos ha hecho normalizarlo hasta el punto que satisfacer sus necesidades básicas, en muchas ocasiones nos puede parecer imposible, y muchas veces hasta lo es. Pero que parezca imposible de realizar o que lo sea no quita que las necesidades de los caballos sean las que son. Que necesiten lo que necesitan para poder estar sanos a nivel físico, emocional y mental. Lo que es es, por mucho que no nos guste o resulte incómodo.

La buena noticia es que siempre podemos hacer algo para mejorar la calidad de vida de los caballos con los que nos relacionamos. Y de eso trata este libro, de eso trata la comunicación en coherencia.

Un pequeño cambio a favor de las necesidades del caballo se ve recompensado exponencialmente en nuestra relación con él.

2. Tratar al caballo como a un igual

El caballo es un individuo con personalidad propia, como nosotros, y como tal merece ser tratado.

Un caballo tiene una percepción del mundo, a través de sus sentidos, muy diferente a la nuestra. Igual que un bebé tiene una percepción del mundo diferente a la de un adulto. Igual que un indígena que vive en lo profundo de la selva del Amazonas tiene una percepción distinta del mundo a la de un urbanita que reside en Nueva York.

Tener una percepción distinta no significa que unos tengan más derecho al bienestar que otros. Todos sentimos y a todos nos gusta lo mismo: experimentar amor y dejar de experimentar miedo, experimentar bienestar y dejar de experimentar incomodidad o dolor. Ser conscientes de ello es fundamental para generar una relación de coherencia con el caballo.

Tratar al caballo como a un igual en la relación de coherencia es tratarlo como tratarías a un amigo, teniendo en cuenta sus deseos y necesidades. Siendo consciente de que la percepción del mundo que tiene él a través de sus sentidos es diferente a la nuestra y que la percepción que tiene un caballo del mundo a través de la comunicación energética es igual que la que tenemos nosotros.

Cuando nos relacionamos con un amigo nos interesamos por su vida, por cómo está, por las experiencias que ha vivido, por su historia. Disfrutamos de pasar tiempo con él, de prestarle atención, de compartir momentos y experiencias. Todo esto genera intimidad, confianza y seguridad. Con un caballo es lo mismo.

Construir una relación de coherencia con el caballo es conocer al caballo. Lo que le gusta, lo que no, su historia, sus experiencias pasadas. Prestarle atención, pasar tiempo con él sin pedirle nada, simplemente compartiendo momentos y experiencias. Conociéndolo en la relación con nosotros.

La relación de coherencia persona-caballo es de igualdad y está basada en el derecho al bienestar de cada uno de los dos miembros de la relación.

3. Ofrecer seguridad al caballo

La calma es un imán para el caballo.

Una de las cosas que más estrés genera en los caballos es la relación con los humanos.

Si la incoherencia está presente en la relación, el caballo se siente inseguro.

¿Conoces a alguna persona muy desconfiada, que piensa que los demás le pueden hacer daño, que prefiere estar sola o relacionarse únicamente con animales porque así se siente a salvo? La persona desconfiada experimenta una buena dosis de estrés a la hora de relacionarse con los demás y por ello suele evitar el contacto.

Una persona desconfiada pudo sentir en su infancia que los adultos con los que se crió no la entendían, que para ellos no era importante lo que para ella sí lo era. Que todo aquello que deseaba era fuente de angustia porque sabía que le iban a decir que no podía tenerlo, que no era importante o que debería desear otra cosa. Probablemente integró que no podía confiar en nadie. Y así era, porque nadie la comprendía ni entendía lo que era importante para ella. No se puede confiar en alguien que no te comprende.

A muchos caballos les pasa lo mismo con los humanos. Si aquellos humanos con los que se «criaron» no los comprendieron nos encontraremos con caballos que no confían en las personas.

Hubo una temporada en la que estuve dando clases de equitación en la escuela de ponis de una hípica. Un 99 % de los alumnos eran niñas. Las niñas de esa escuela acudían contentas y con muchas ganas de encontrarse con el poni al que montaban.

No era el caso en otra hípica en la que trabajé, también con ponis, a la que iba una niña que tenía mucho miedo a montar. Había clases en que la niña se ponía a llorar nada más entrar en la pista porque no quería montar. La madre acababa convenciéndola y montaba, pero a veces a mitad de clase tenía que parar, bajarla del poni y permitir que la niña abandonara la clase. A veces los padres creen que algo es lo mejor para sus hijos y sin darse cuenta pasan por alto las emociones agotadoras que se generan en ellos. Con miedo los niños no aprenden, ni disfrutan. Los caballos tampoco.

Volvamos a la hípica adonde las niñas iban contentas. Recuerdo un día que una de esas niñas, de unos 7 años, estaba esperando a que empezara la clase con su poni, ya equipado con la montura y una brida con un filete de palillos. La niña estaba hablando amorosamente con el poni mientras le acariciaba la cara; la escena era muy tierna. De repente un ruido hizo que el poni levantara la cabeza. Su movimiento sacudió la mano de la niña, que le acariciaba la cara, apartándola hacia atrás. Inmediatamente la niña gritó «¡no!». Cogió una de las riendas y pegó un tirón hacia abajo con todas sus fuerzas, provocando un gran impacto en la boca del caballito con las barras de metal del filete de palillos que llevaba puesto. Recuerdo los ojos de pánico del poni, abiertos de tal forma que se le veía el blanco del ojo. El poni no entendía nada; su instinto le llevó a ponerse en alerta al escuchar un ruido que no sabía lo que era ni de dónde venía y de repente la niña dulce y amorosa se transformó en un animal peligroso que le gritaba y provocaba gran dolor. ¿Cómo de seguro crees que se sentía ese poni después con esa niña? Evidentemente no muy seguro.

Las relaciones incoherentes con las personas generan una gran cantidad de estrés en los caballos.

Una máxima en la relación coherente con un caballo es que el caballo se sienta seguro.

Toda reacción que el caballo no comprende se convierte en una incoherencia para él. Las incoherencias equivalen a peligro y la percepción de peligro genera estrés.

Ante cualquier situación buscaremos transmitir calma al caballo, y ya sabemos que para poder hacerlo primero tenemos que experimentar calma nosotros.

Un caballo con estrés no aprende, está en modo supervivencia, no puede enfocar la atención en aprender algo nuevo, necesita poner la atención en sobrevivir, en alejarse del dolor, en escapar de la situación.

Y eso es lo que ocurre cada vez que nos relacionamos o intentamos enseñarle algo al caballo cuando está experimentando estrés.

Cuando el caballo experimenta estrés nos encontraremos con respuestas que surgen de una reacción de huida. Cuanto más intenso el estrés, más acentuada la respuesta. Cuanto menos intenso el estrés, menos intensa la respuesta. Una respuesta de huida puede ser un alejamiento, una inmovilidad, un mordisco, una coz, un manotazo, etc. La respuesta puede ser sutil o muy evidente. De nosotros depende el identificar la respuesta de huida y redefinir nuestra intención para que podamos relacionarnos desde la colaboración y no desde la dominancia.

Liderazgo

Toma al caballo como maestro y te convertirás en el líder de toda la manada.

Los caballos, como animales de manada que son, se relacionan con un líder. El líder no es un caballo dominante.

Un caballo dominante se asegura de mantener su espacio a toda costa, también en situaciones en las que no resulta necesario. Si para ello necesita lanzar un mordisco a otro caballo que pasa por su lado lo hará. El caballo dominante gasta energía con este tipo de comportamientos. Sus acciones hacen que los demás caballos no se acerquen a su espacio por miedo a recibir uno de esos «avisos» y también da pie a que no confíen en él.

Un caballo dominante ejerce presión sobre otros caballos por detrás, así los «empuja» y maneja su movimiento. El comportamiento de un caballo dominante provoca emociones de estrés en otros caballos.

Un caballo líder es un caballo que no malgasta energía lanzando mordiscos a diestro y siniestro, sino que es un compañero en el que los demás caballos confían. Un caballo líder se mueve guiado por su propia motivación y los demás caballos lo siguen. El comportamiento de un caballo líder genera confianza y un estado de coherencia en los demás caballos.

En cautividad los caballos pueden tomar al humano como un líder en quien confiar o como un dominante al que temer.

Cuando hablamos de capacidad de liderazgo en las personas hablamos de la capacidad de influir, motivar y guiar a otros.

Un liderazgo coherente busca potenciar las habilidades del otro sin generar emociones agotadoras.

Los caballos gobernados por un guía humano cuyo comportamiento provoca en ellos emociones agotadoras encuentran alivio en la liberación de la tensión cuando perciben que el «peligro» ha pasado. Esta situación genera un drenaje de energía en el caballo.

Los caballos gobernados desde la coherencia por un verdadero líder experimentan una renovación energética, en lugar de un desgaste de energía. Por eso lo siguen, le prestan atención y confían en él. Un líder coherente es un individuo con el que apetece estar.

Características de un líder humano coherente para un caballo:

- Posee un amplio conocimiento de sí mismo y del caballo.
- Proporciona un entorno de seguridad para que la interacción tenga lugar.
- Asegura la suficiente libertad de movimiento para que el caballo no experimente estrés y tenga sensación de poder elegir.
- Establece una intención clara y bien definida.
- Está presente, lo que le proporciona las competencias necesarias para comunicase de forma efectiva con un caballo, como la coherencia, la observación, la escucha activa y la empatía.
- Motiva a los caballos, enfocándose en sus dones y habilidades individuales.
- Proporciona un ambiente enriquecido para estimular la curiosidad del caballo.
- Cuando pretende enseñarle algo al caballo premia cada pequeño avance de este.

La forma en la que los caballos experimentan el reconocimiento es a través de los premios. Un premio puede ser una liberación de presión, una transición descendente de galope a trote, de trote a paso o de paso a parada. También pueden ser una zanahoria, una manzana, una caricia, etc. Una caricia no es una palmada fuerte; una palmada fuerte suele ser interpretada por el caballo como una liberación de tensión por parte de la persona, en lugar de como premio.

Existe una cualidad estrella que acompaña al desarrollo de las características de un líder coherente: la capacidad de resiliencia.

Resiliencia

La palabra resiliencia viene de la capacidad que tienen los metales de regresar a su forma original tras una deformación. Adoptamos esta palabra para definir la capacidad que tiene una persona de volver a su línea base de variabilidad de ritmo cardíaco ante una situación de estrés.

El Instituto HeartMath define la resiliencia como la capacidad para prepararse, adaptarse y recuperarse ante una situación de estrés, un reto o una adversidad.

Es la habilidad que nos permite volver a nuestra línea base de variabilidad de ritmo cardíaco tras, por ejemplo, una conversación acalorada. La resiliencia nos permite recuperar la paz tras haber experimentado la pérdida de un ser querido o una ruptura de pareja. Y también es la capacidad de prepararnos física, mental y emocionalmente ante una situación que sabemos que va a tener lugar.

Cuando nos relacionamos con caballos nuestra capacidad de resiliencia marcará la paciencia que tenemos con ellos.

«La paciencia infinita crea resultados inmediatos» declara el libro *Un curso de milagros*.

Las situaciones que nos encontramos al relacionarnos con caballos son muy variadas y muchas veces impredecibles. Ante la incertidumbre la confianza en uno mismo es fundamental, y uno de los entrenamientos con los que más confianza en nosotros mismos adquirimos es con el desarrollo de nuestra capacidad de resiliencia.

¡Y estamos de suerte! Practicar estados de coherencia cardíaca a diario desarrolla nuestra capacidad de resiliencia. De nuevo esa práctica diaria de 10 o 15 minutos al día genera un gran impacto positivo en nuestra capacidad de resiliencia cuando se entrena durante 6 semanas.

Un líder resiliente es un líder coherente, y eso el caballo lo percibe, le gusta y lo acepta. Por eso elige seguirlo.

Los caballos, por lo general, buscan un líder que los guíe, con el que se sientan seguros y en el que puedan confiar. Un líder con quien sus necesidades estén cubiertas. Un líder que los comprenda y al que puedan comprender.

Una guía clara

Una guía clara surge de una intención clara.

Para poder proporcionar una guía clara al caballo primero elegiremos nuestra intención y nuestro objetivo, y después nos comunicaremos con él de una forma en que nos pueda comprender.

Una de las cosas en las que observo más dificultades cuando las personas se relacionan con caballos es mantener su atención.

Ocurre en numerosas ocasiones que las personas pierden de vista su objetivo. Por ejemplo, si van llevando a un caballo del ramal hacia un punto determinado es común que desvíen la atención de ese punto determinado y cambien de trayectoria. La persona pierde el foco porque se distrae con algo que ocurre en los alrededores, con alguien que le habla, con otros caballos, mirando a la cara de su caballo, etc. Y cuando se da cuenta debe girar bruscamente para volver a dirigir su trayectoria hacia el punto al que quería llegar. Este tipo de comportamientos pilla desprevenido al caballo, que se encuentra con un cambio brusco de trayectoria.

Una guía clara requiere enfoque y atención en el objetivo.

Estas pérdidas de atención en el objetivo generan confusión en el caballo. Si vamos montados en él todavía son más confusas para el equino. Cada vez que montamos a caballo nuestro cuerpo está en contacto con el suyo..

Imagina que voy montando a caballo y quiero girar a la izquierda, pero algo a la derecha llama mi atención y miro hacia la derecha. Al mirar a la derecha el cuerpo, los hombros, las caderas y los muslos giran ligeramente a la derecha. Si la inclinación es sutil quizás yo puedo ni llegar a percibirlo, pero el caballo sí lo hace claramente. Si mi cuerpo apunta a la derecha y con la rienda le indico al caballo que gire a la izquierda estará recibiendo señales contradictorias.

Cuando un caballo está muy confundido por recibir señales contradictorias o que no comprende puede entrar en un estado de estrés elevado y comenzar a usar mecanismos para afrontar y gestionar los factores estresantes, como echarse hacia atrás, cocear, botarse, ponerse de manos, etc. En esos momentos su frecuencia cardíaca y su presión arterial suben de forma parecida a cuando experimenta un dolor intenso.

Las señales de un líder coherente son claras, directas y van en una misma dirección. Siempre alineadas con el objetivo, con la intención.

Intención : la varita mágica

La intención es el deseo que reside tras la forma.

Lo primero que un caballo percibe de nosotros es la intención. La intención es el deseo, lo que da sentido, la guía y lo que marca la dirección. La intención determina la emoción.

La intención se compone de un objetivo, claramente determinado, que equivale al contenido. Se expresa en una forma concreta. Por ejemplo, si un caballo viene caminando hacia mí y mi intención es que pare antes de llegar a tocarme, la forma física en que se manifestará esa intención será: brazos levantados con los codos estirados, palmas de las manos abiertas y el tronco del cuerpo avanzado hacia delante.

Muchas veces nos enfocamos en la forma, buscando la «forma correcta», y nos olvidamos del contenido, que es la intención, la energía de donde surge la emoción.

El caballo percibe el contenido por encima de la forma.

Enforcarnos en la forma, en lugar de en el contenido, puede generar dificultades. La forma puede surgir de un contenido del que no somos conscientes, es decir, de un objetivo del que no somos conscientes.

Volvamos a la situación en la que intentaba ponerle las gotas en el ojo de la yegua.

Al principio mi intención era alcanzar su ojo e introducir las gotas. Esa intención me generó inseguridad, que se vio reflejada en la yegua. La forma de esa intención en mi mente era la imagen de acercar la mano izquierda a su ojo, separar el párpado y con la mano derecha introducir las gotas. La yegua percibió mi intención acompañada de un sentimiento de estrés generado por la inseguridad que yo experimentaba y apartó la cara. Percibió el contenido por encima de la forma, percibió estrés.

Después mi intención cambió; lo que deseaba era que la yegua estuviera bien, que sintiera alivio en lugar de irritación y que su ojo estuviera limpio y libre de moscas. En mi mente la forma seguía siendo la misma, pero el contenido expresado por esa misma forma era diferente. Esta intención generó una energía de la que surgió una emoción renovadora, paz, al ver el ojo limpio y sano. La yegua percibió la intención, percibió el contenido y respondió bajando la cabeza y quedándose completamente quieta.

La intención es el contenido, no la forma.

Enfocarnos en la forma hace que establezcamos el objetivo en la forma, así que la forma se convierte en la intención.

Por ejemplo, enfocar toda nuestra energía en colocar las manos de forma correcta para que el caballo se detenga desvía la atención de la intención y la pone en la forma, en las manos. Enfocarse en las manos es poner la intención en colocar las manos de una determinada manera en lugar de situarla en que el caballo pare.

Al establecer el objetivo en la forma podemos o no encontrarnos con creencias limitantes que generan emociones de estrés. Por ejemplo, poner la atención en colocar las manos de forma correcta puede llevarme a pensar en que no sé cómo hacerlo, en si debería estirar más o menos los brazos, en que puedo hacerlo mal y que si lo hago mal el caballo no parará. Esta secuencia de pensamiento ocurre de forma sumamente rápida, casi instantánea. La emoción que surgiría de establecer la intención en la forma sería una emoción agotadora.

Igual me ocurrió con la yegua en el primer acercamiento. Me enfoqué en la forma, en poner las gotas correctamente, y la forma se convirtió en mi objetivo. Creer que podía ser complicado ponerle las gotas, porque la yegua apartaba la cabeza, era una creencia limitante. No me sentía bien con esa creencia, lo que indica que es una creencia limitante. Con una creencia limitante «haciendo de las suyas» evidentemente las cosas se correlacionaban con ella y mi mente empezó a hacer su trabajo: buscar coherencia entre las creencias y la realidad. Entonces la dificultad se hizo evidente. En un instante como este en el que aparece la dificultad es el momento de parar y replantearnos nuestra intención.

....

Cuando la raíz de la intención es el amor entramos en coherencia. Cuando entramos en coherencia entramos en la línea de comunicación del caballo.

....

Si la intención tiene su raíz en el miedo, la competición, la lucha con el caballo, en el «tengo que conseguirlo como sea» se presentan el estrés y la incoherencia.

....

Cuando nos encontramos con dificultades es el momento de replantearnos la intención. De elegir nuestra intención de forma consciente y actuar en congruencia con ella.

....

Elegir la intención de manera consciente nos acompaña a entrenar nuestra coherencia a través de la forma, alineando la misma con nuestra intención.

....

Una intención coherente es una intención basada en el amor. Una intención incoherente es una intención basada en el miedo.

....

CAPÍTULO 7

Crear la relación de coherencia con el caballo

Aprender a relacionarse con un caballo es aprender a relacionarse con la vida. La vida es relación, la relación es conexión, la conexión pasa por la coherencia y la coherencia es lo que permite la evolución.

A lo largo de las páginas de este libro hemos ido viendo los conceptos y claves necesarios para poder establecer una relación de coherencia con el caballo, así como la base sobre la cual asentar todos esos conceptos y claves, la coherencia. Ahora viene el momento de convertir ese conocimiento en sabiduría a través de la práctica.

La práctica es la acción. La acción es lo que impulsa en la dirección de la intención. La intención primordial a la hora de establecer una relación de coherencia con el caballo, que reside tras todas las demás intenciones, que nos llevará a disfrutar de una conexión profunda con él es la coherencia.

En toda relación, y en la vida misma, estamos eligiendo a cada instante. Elegimos si me siento aquí o allí, si desayuno té o café, si me pongo estos zapatos o esas zapatillas, si pienso en esto o aquello. Las elecciones que hacemos dirigen nuestra vida. Las elecciones que hacemos en una relación dirigen la relación y las elecciones que hacemos en la relación con el caballo dirigirán nuestra relación con él. Por ello es fundamental que cada pequeña decisión que tomemos cuando estamos con él tenga su base en la coherencia.

La práctica que te propongo está diseñada para generar un hábito, que te va a permitir elegir, de forma automática, la coherencia en tus decisiones. Se trata de establecer un hábito en el cual la coherencia surja de forma espontánea a la hora de relacionarnos con el caballo.

Crear un hábito que antes no teníamos es como trazar un sendero nuevo por un prado sin transitar. Imagina un prado con un sendero; vamos a llamarle el sendero de la incoherencia. Es un sendero completamente claro y dibujado, por el que se ha transitado muchas veces. En el sendero no hay hierba, por la cantidad de veces que se ha pasado por ahí. Esto ha permitido que si tengo que cruzar el prado pueda ver rápidamente el sendero y sin pensarlo me dirija hacia él y cruce. Ese sendero me lleva a la incoherencia, pero, como el camino se ve fácil y el objetivo es cruzar el prado, no me detengo a pensar en ello, simplemente voy porque en mi mente está «quiero cruzar el prado».

Imagina ahora que me detengo y elijo algo diferente: ahora quiero caminar por el sendero de la coherencia. Cuando voy a cruzar el prado lo primero que veo es el sendero de la incoherencia. Se ve fácil y está despejado; casi sin darme cuenta mi cuerpo ya se pone mirando en esa dirección, pero en ese momento me detengo y elijo el sendero de la coherencia. Un sendero que aún no está transitado, que aún no está despejado, que aún no se ve a primera vista. Sin embargo tengo la voluntad de ir por el sendero de la coherencia, así que comienzo a caminar por el nuevo sendero.

La siguiente vez que voy a cruzar el prado, el sendero de la incoherencia es todavía mucho más visible, se ve mejor y parece más fácil y rápido (solo lo parece, no lo es), así que mi cuerpo se inclina hacia él. Entonces me detengo y elijo de nuevo el sendero de la coherencia y lo transito. Tras unas cuantas elecciones en esa dirección el sendero de la coherencia se vuelve el más limpio y el más visible, por ser el más transitado. Por el contrario, el sendero de la incoherencia cada vez se ve menos; al no pasar por ahí las hierbas han crecido y resulta casi imperceptible. Ahora, cuando voy a cruzar el prado, mi cuerpo se inclina naturalmente hacia el sendero de la coherencia.

El sendero de la coherencia no lo vamos a crear leyendo este libro; lo crearemos con la práctica.

No llegaremos a una relación de coherencia con el caballo si en su presencia permitimos que en nuestro campo electromagnético del corazón estén activas emociones agotadoras como la preocupación, la tristeza, la ira o la ansiedad. Podemos elegir no prestar atención a estas emociones, reprimirlas o negarlas, pero eso también supone elegir el sendero opuesto a la coherencia.

....

En el sendero de la coherencia las acciones son coherentes con nuestra intención, la coherencia.

....

PRÁCTICA, LA ACCIÓN COHERENTE

La acción coherente nos permite establecer un camino definido a la hora de desarrollar la relación de coherencia con el caballo. Una estructura bien definida y alineada con nuestra intención facilita enormemente la creación de una conexión profunda con el caballo.

Por ello te propongo una serie de ejercicios y dinámicas cuya práctica te proporcionará ese camino bien definido para crear una relación de coherencia con el caballo.

Los primeros pasos en esta práctica constituirán la piedra angular en la que se va a asentar toda la práctica. Son 3 pasos fundamentales que practicaremos y desarrollaremos antes de comenzar el camino en compañía del caballo:
1. Coherencia
2. Intención
3. Equilibrio

1. PRIMER PASO: LA COHERENCIA

El primer paso antes de relacionarnos con caballos es desarrollar las habilidades necesarias para mantenernos en coherencia cuando estemos con ellos. Para ello comenzaremos por generar coherencia y gestionar nuestras emociones.

Práctica Coherencia Cardíaca

Vamos a generar una nueva línea base de variabilidad de ritmo cardíaco, más coherente, para obtener todos los beneficios que ya hemos visto y poder desarrollar la comunicación energética con los caballos.

Practica la Técnica de Coherencia Rápida® de la pág. 92 diariamente durante al menos 6 semanas:

- Primera semana: 5 min al día
- Segunda semana: 10 min al día
- De la tercera a la sexta semana: 15 min al día

Durante las 3 primeras semanas también puedes repartir el tiempo de práctica. La segunda semana puedes practicar 2 veces al día durante 5 min y la tercera semana 3 veces al día durante 5 min.

Si deseas practicar más tiempo o más veces al día, por favor ¡hazlo! Cuantas más veces practiques esta técnica más rápido podrás observar los efectos en las interacciones con los caballos y en tu vida.

Mi recomendación es que enlaces esta técnica con alguna rutina que suelas hacer diariamente. Por ejemplo, puedes practicarla al levantarte mientras todavía en la cama, antes o después de desayunar, al acostarte, etc. Busca el momento que mejor se adapte a tus necesidades.

Encontrarás un vídeo de esta técnica guiada en el siguiente código QR:

**TÉCNICA
COHERENCIA CARDÍACA**

Gestionar Emociones Agotadoras

Relaciónate con tus emociones durante 3 semanas. Comienza la primera semana practicando las tres estrategias para gestionar emociones agotadoras de la pág. 65 y continúa prestando atención a tus emociones las siguientes 2 semanas de la forma que más útil te resulte.

Durante la primera semana elige un momento del día; puede ser por la noche, antes de acostarte o en cualquier otro momento que sea mejor para ti. Toma una libreta y haz inventario de cómo ha sido la relación con tus emociones durante ese día. Apunta las veces que has experimentado emociones agotadoras ese día y toma esa lista como tu práctica.

1. Sentir la emoción

Usaremos esta estrategia cuando surja una emoción agotadora de forma espontánea, es decir, una emoción que no estemos creando con el pensamiento al enfocarnos en un peor resultado posible.

Si la emoción agotadora aparece en un momento en que no nos resulta posible darnos el tiempo necesario para sentirla, porque quizás estemos con otras personas o en el lugar de trabajo, lo haremos después, siempre y cuando al recordar la situación en la que ha aparecido la emoción esta aparezca de nuevo; si no aparece es que esa emoción ya se ha transformado.

Esta estrategia la vamos a poner en práctica con la dinámica de Flexibilidad Emocional™.

Antes de comenzar...

- Establece la firme intención de prestar toda tu atención a la experiencia de la emoción agotadora.
- Prepárate para la incomodidad.
- Evita nombrar la emoción o etiquetarla mentalmente.
- Evita las pausas al respirar. A veces, cuando experimentamos una sensación incómoda aguantamos la respiración. Esto puede alejarnos de experimentar la sensación en el cuerpo y redirigir nuestra atención a la mente. Si observas que estás aguantando la respiración continúa respirando y establece la intención de seguir respirando sin pausas durante toda la dinámica.

Dinámica Flexibilidad Emocional™

1. Cierra los ojos y empieza a respirar un poco más despacio y más profundo de lo normal imaginando que el aire entra y sale del corazón. Realiza 3 respiraciones.

2. Comienza a experimentar la emoción prestando atención a las sensaciones que experimentas en el cuerpo. Recorre tu cuerpo mentalmente y observa en qué partes sientes la energía de la emoción. Esta energía se puede presentar como una presión en la garganta, tensión en los hombros, rigidez en un lado de la cara, tensión debajo de una oreja, etc.

3. Después enfoca tu atención en la sensación y siéntela hasta que esa sensación se transforme en otra. Sigue sintiendo la nueva sensación hasta que se transforme en una experiencia cómoda, que ya no genere molestia.

4. Una vez la energía se haya transformado en una sensación cómoda vuelve a respirar enfocándote en el corazón. Realiza 3 respiraciones profundas imaginando que el aire entra y sale del corazón.

5. Una vez finalizadas las 3 respiraciones abre los ojos.

2. Retirar la atención de la emoción

Usaremos esta estrategia cuando experimentemos emociones que nosotros mismos estamos creando con nuestro pensamiento consciente al enfocarnos en el peor resultado posible de una situación.

En este caso, en cuanto seamos conscientes de que estamos creando nosotros la emoción retiraremos la atención del pensamiento que la genera y la enfocaremos en cualquier otra cosa.

Para cambiar la energía rápido podemos usar el cuerpo. Dar palmas, saltar, poner música, cantar, bailar, lo que se te ocurra. Enfocarte en algo que esté ocurriendo en el presente es una buena opción.

3. Cambiar la percepción mental

Esta estrategia la usaremos cuando nos encontremos con una emoción agotadora generada por la percepción que tenemos de algo que ya ha ocurrido o está ocurriendo. Recuerda el ejemplo del vaso medio lleno o medio vacío.

La podemos practicar con el ejercicio de Nueva Percepción™, tomando un papel y escribiendo las respuestas a las preguntas del mismo.

Ejercicio de Nueva Percepción™

PENSAMIENTO de estrés	SENTIMIENTO de estrés	NUEVO SENTIMIENTO	COHERENCIA RÁPIDA	NUEVO PENSAMIENTO

1. ¿Qué emoción estoy experimentando? (Sentimiento de estrés)

2. ¿Cuál es el pensamiento que hay detrás de esta emoción? (Pensamiento de estrés)

3. Sin que la situación cambie, es decir, en esta misma situación, ¿cómo me gustaría sentirme? ¿Qué emoción me gustaría experimentar? (Sentimiento nuevo)

4. Practica la Técnica de Coherencia Rápida® durante 5 minutos.

5. Nada más terminar la técnica responde a la pregunta: ¿qué tendría que pensar para experimentar la emoción que he escrito en el punto 3? (Pensamiento nuevo)

6. Cada vez que aparezca de nuevo el pensamiento de estrés del punto 2 respira de manera profunda enfocándote en el corazón y repite mentalmente el pensamiento nuevo.

2. SEGUNDO PASO: LA INTENCIÓN

Recordemos que la intención es el contenido que hay detrás de la forma y que el caballo percibe el contenido por encima de la forma. Por ello el segundo paso en el camino de generar una relación de coherencia con el caballo será establecer la intención.

La intención la estableceremos antes de entrar en contacto con el caballo. Para ello te propongo las siguientes dinámicas:

VINCULAR LA INTENCIÓN™

Vincular la Intención™

Utilizaremos esta dinámica para preparar el escenario donde va a tener lugar la comunicación con el caballo vinculando un sentimiento renovador al mismo.

Para ello prepararemos el campo electromagnético de nuestro corazón entrenando el sentimiento renovador y anclándolo mentalmente al escenario donde nos vamos a relacionar con el caballo.

Preparar tu campo electromagnético de esta forma amplía el alcance y la claridad de tu propósito con el caballo y fomenta que el sentimiento renovador esté activo durante la sesión.

- Objetivo: establecer un sentimiento base desde el cual se desarrolle la sesión con el caballo.

- Beneficios: aclara el propósito de la comunicación. Gestión de la información presente en campo electromagnético del corazón de la persona cuando se realiza la comunicación con el caballo. Promueve la seguridad y la confianza del caballo en la persona. Fomenta la experiencia del sentimiento elegido en la persona y el caballo durante la comunicación.

- Práctica:

1. Elige un sentimiento renovador que te gustaría que estuviera presente en la sesión de comunicación con el caballo. También puedes obtener este sentimiento contestando a la pregunta: ¿cómo me hace sentir que el caballo me entiende y yo le entiendo a él?

   Imagina que te estás comunicando con el caballo y observas que él entiende perfectamente todo lo que le transmites y tú entiendes perfectamente todo lo que él te transmite a ti. ¿Qué sentimiento experimentas?

2. Practica la Técnica de Coherencia Rápida® sustituyendo el sentimiento de gratitud por el sentimiento que hayas elegido.

3. Una vez estés experimentando el sentimiento elegido, mientras practicas la técnica con los ojos cerrados imagina en tu mente que ese sentimiento se trasforma en una luz que se enciende en tu corazón cada vez que tomas una respiración.

4. Imagina en tu mente que ese sentimiento en forma de luz sale de tu corazón, como un tubo de luz, y llévalo con tu conciencia al escenario donde va a tener lugar la sesión con el caballo.

5. Irradia el sentimiento en forma de luz por todo el espacio donde va a tener lugar la sesión y por todos los elementos, personas y caballos que vayan a estar es ese lugar. Ve visualizando cada elemento que vaya a estar presente durante la sesión, como material, equipamiento, objetos, vallas, etc. Ve impregnando todo ello mentalmente con el sentimiento en forma de luz. Impregna por completo al caballo con el que vas a realizar la sesión, pasando por su dimensión física, mental y emocional.

6. Tras 10 minutos de práctica de esta dinámica realiza 3 respiraciones profundas con la intención de anclar ese sentimiento a la sesión con el caballo y después abre los ojos.

7. Una vez realizada la sesión con el caballo examina cómo ha sido la comunicación con él.

Cuantas más veces practiques esta dinámica antes de hacer la sesión con el caballo más anclada estará la información en el campo electromagnético de tu corazón cuando te vayas a comunicar con él.

Si no conoces todavía al caballo con el que te vas a comunicar o no sabes cómo es el lugar donde lo vas a hacer no importa; puedes practicar esta dinámica igualmente imaginándote un caballo, un espacio y sus elementos. Recuerda que la forma no es importante; lo importante es el contenido, la energía.

Sesión de Trabajo Coherente™

Vamos a utilizar esta dinámica para aclarar y establecer los objetivos que consideremos trabajar en la sesión con el caballo.

Estos objetivos van a pasar a formar parte de la intención, por ello clarificarlos aporta guía y consistencia a la hora establecer una relación de coherencia con el caballo.

* Objetivo: alinear la sesión de trabajo con una comunicación coherente

* Beneficios: aporta consistencia y alineación con la intención. Establece la dirección y el enfoque de la sesión. Evita la dispersión y el desviarse del objetivo. Aumenta la motivación del trabajo en las sesiones. Mejora la toma de decisiones durante la comunicación con el caballo. Genera seguridad en el caballo. Permite realizar un seguimiento de los avances realizados en la comunicación coherente con el caballo.

* Práctica:

  Toma papel y bolígrafo y escribe las respuestas a las siguientes preguntas para establecer la Sesión de Trabajo Coherente:
  1. ¿Qué es lo que quiero trabajar hoy con el caballo?
  2. ¿Para qué quiero trabajar esto con el caballo?
  3. ¿En qué condiciones físicas, mentales y emocionales está el caballo para poder realizar este trabajo?
  4. ¿Qué beneficios va a obtener el caballo de este trabajo?
  5. ¿Qué beneficios voy a obtener yo de este trabajo?
  6. ¿Qué beneficios va a aportar este trabajo a la relación de coherencia que estoy generando con el caballo?

7. ¿Cómo me gustaría que fuera el rato que paso con el caballo?
8. ¿Qué es lo que me gustaría llevarme hoy de esta sesión con el caballo?
9. ¿Cómo me gustaría sentirme al terminar la sesión con el caballo?
10. Practica la Técnica de Coherencia Rápida® con el sentimiento que has elegido en el punto 9.

3. TERCER PASO: EL EQUILIBRIO

Una vez transitados los dos primeros pasos, casi es el momento de empezar la labor en compañía del caballo, aunque todavía nos queda un paso previo que realizar antes de entrar en contacto con él, y ese paso es el equilibrio.

Tras haber trabajado nuestra coherencia e intención llega el momento de entrar en contacto con el caballo. Para ello lo primero que vamos a hacer, antes de establecer contacto físico con él, es examinar nuestro estado para ser conscientes de la información que le vamos a transmitir en ese primer contacto. Con ese objetivo realizaremos una especie de escáner corporal.

Escáner y Equilibrio™

- Objetivo: tomar conciencia de la información que voy a transmitirle al caballo mediante la dimensión física y la dimensión
  energética.

- Beneficios: generar coherencia y equilibrio. Poder modificar la
  información que va a recibir el caballo de mí al establecer contacto, en caso de que esa información refleje incoherencia.

- Práctica:

  Contesta a las siguientes preguntas antes de entrar en contacto
  físico con el caballo:

  1. ¿Cuál es la información que en este momento está trans-
     mitiendo mi cuerpo? ¿Experimento algún tipo de tensión?
     ¿Vengo caminando rápido? ¿Cómo está siendo mi tono de
     voz hasta este momento: hablo muy alto, muy rápido, muy
     despacio, etc.? ¿Llevo algo en las manos: equipamiento,
     material, ropa, etc.? ¿Algo de lo que llevo puede resultar
     estresante para el caballo? ¿Cuánto orden hay en la ima-
     gen visual que va a recibir el caballo de mi cuerpo y lo que
     porto?

  2. ¿Cuál es la información que en este momento está transmi-
     tiendo el campo electromagnético de mi corazón? ¿Cuáles
     son los pensamientos que han estado rondando en mi ca-
     beza hasta este momento? ¿Dónde se encuentra mayori-
     tariamente mi atención en este momento? ¿Qué es lo que
     estoy sintiendo ahora?

Una vez somos conscientes de lo que estamos transmitiendo a través de los 5 sentidos y de la comunicación energética restablecemos el equilibrio:

3. Practica la Técnica de Coherencia Rápida® antes de entrar en contacto con el caballo.

Una vez hayamos realizado el escáner y equilibrado nuestro sistema nervioso autónomo entrando en coherencia estaremos listos para establecer contacto con el caballo.

La Pausa en presencia del caballo

La Pausa va a ser una constante en la comunicación con el caballo. Cada vez que nos encontremos con una dificultad o experimentemos una emoción agotadora realizaremos una pausa para frenar la energía de la emoción y reequilibrarnos.

Para ello tomaremos unas cuantas respiraciones rítmicas, más lentas y profundas de normal, enfocando la atención en el corazón e imaginando que el aire entra y sale del corazón.

No dejes pasar ninguna emoción agotadora; recuerda que transmitir calma y coherencia al caballo es la máxima de la relación de coherencia.

4. SIGUIENTES PASOS: LA LABOR CON EL CABALLO

Una vez realizados los 3 primeros pasos, coherencia, intención y equilibrio, es el momento de seguir nuestra labor en compañía del caballo.

Lo primero que haremos para comenzar a generar una relación de coherencia en compañía del caballo será liberarlo de estrés.

Ya hemos visto que un caballo que experimenta estrés se encuentra en modo supervivencia. En este estado está centrado en él mismo, en protegerse y sobrevivir. Bajo un estado de estrés el caballo no está abierto a relacionarse, y mucho menos aprender.

Comenzaremos reduciendo el estrés del caballo para posteriormente ir conectando con él y generando una comunicación en coherencia que nos permita establecer una conexión profunda.

Vamos a ver una serie de dinámicas que te acompañarán en este propósito. Siempre teniendo en cuenta que antes de trabajar con el caballo cualquier dinámica, esté incluida o no en este libro, realizaremos los primeros 3 pasos: coherencia, intención y equilibrio.

Plan Liberación Estrés Caballo™

En esta dinámica nos vamos a centrar en reducir el estrés del caballo a través de un plan de liberación del estrés. Para ello sacaremos a la luz todas las posibles acciones que podemos realizar para este propósito mediante el análisis del caballo y su situación.

- Objetivos: liberar de estrés al caballo y tomar conciencia de todas las posibilidades para hacerlo. Generar bienestar en el caballo. Potenciar la confianza del caballo en nosotros. Generar conexión con el caballo mediante la comprensión.

- Práctica:

  1. Crea la ficha del caballo: recoge toda la información que puedas sobre el caballo y crea su ficha. Analiza la personalidad, edad, historia del caballo y estilo de vida, y escríbelo en ella:
     - Personalidad, edad e historia del caballo:
       - Qué edad tiene, cuántos dueños ha tenido, en qué climas ha vivido, en qué condiciones (*box*, cercado, solo, en manada, etc.)
       - Historia clínica, qué lesiones o enfermedades ha tenido o tiene.
       - Cómo es su relación con los humanos en la actualidad y qué tipo de relaciones ha tenido con las personas antes.
       - Comportamientos típicos del caballo
       - Cuidados y atenciones que recibe a diario/semanal/mensual/anualmente.

     - Estilo de vida:
       - Características del lugar donde vive ahora, entorno, clima, vegetación, etc.
       - Si socializa con más caballos, si vive aislado o en compañía de otros caballos.

- Si vive en un *box*, cómo de grande es, cómo es la luz, la visión y la ventilación desde dentro del *box*, si puede ver a otros caballos, si los puede tocar, etc.
- Si vive solo en un cercado, cómo es el cercado, las medidas que tiene, qué estímulos visuales y auditivos puede percibir desde el cercado. Si puede ver a otros caballos, si los puede tocar, etc.
- Si vive en manada, cómo es el espacio, cómo son las relaciones con sus compañeros de manada, si sufre algún tipo de acoso por parte de algún caballo, etc.
- Qué tipo de alimentación lleva, durante cuánto tiempo al día puede masticar, si toma algún suplemento, etc.
- Qué tipo de ejercicio realiza y con cuánta frecuencia. Si se puede mover libremente durante el día o no. Si se mueve libremente, durante cuánto tiempo al día lo puede hacer, etc.
- Con cuántas personas interactúa durante el día y cómo es su relación con cada una de ellas.
- Qué tipo de comportamientos despliega con cada una de las personas con las que se relaciona, si son los mismos comportamientos, si cambian, en qué cambian, etc.

2. Acciones que pueden liberar estrés del caballo

Toma un papel y escribe todas las posibles acciones que se te ocurran para liberar de estrés al caballo. Escribe todo lo que se te pase por la mente, aunque no puedas realizarlo. Se trata de tomar conciencia de todas las posibilidades que liberan estrés, independientemente de que se puedan llevar a cabo o no.

Imagina que el caballo vive aislado, sin la compañía de otros caballos; en ese caso una de las acciones que podría mejorar su situación sería estar con otros caballos, aunque eso no es posible porque el caballo más cercano está a 30 km de distancia. No importa que no se pueda completar la acción, la apuntaremos igual. Tomar conciencia de todas las acciones posibles y contemplar todas las posibilidades nos ayuda a generar soluciones creativas para mejorar el estado de los caballos.

Por ejemplo, imagina que queremos liberar estrés de un caballo que vive en un *box* y se dedica a la doma clásica. Estas podrían ser algunas de las acciones que podríamos realizar:

- Salir de paseo al campo con otros caballos. Llevarlo a descubrir lugares nuevos.
- Pasearlo por el campo del ramal. Dejarle elegir a él por dónde ir. Permitirle realizar las paradas que desee para comer hierba.
- Sacarlo unas horas al día a un cercado o pista para que pueda moverse libremente sin ningún tipo de demanda o presión.
- Pasar tiempo con el caballo sin pedirle nada. Sacarlo a una pista o cercado y practicar coherencia cardíaca en presencia suya, simplemente compartiendo el espacio físico con él.
- Enriquecer el ambiente del *box* con algún juguete o dispensador de alimento.
- Preparar juegos y un recorrido en la pista para realizarlo en libertad o del ramal.
- Darle masajes.
- Ir introduciéndole a otros caballos para que pueda socializar, a través de una valla o del ramal o en un cercado, controlando y mediando las interacciones, etc.
- Trabajar con él los ejercicios de coherencia cardíaca y dinámicas de monta que aparecen en este libro, etc.

3. Plan de liberación del estrés

Una vez contempladas y escritas todas las posibles acciones que podrían liberar de estrés al caballo, entra en un estado de coherencia cardíaca y después contesta a las siguientes preguntas para establecer un plan de liberación del estrés personalizado para tu caballo:

Practica la Técnica de Coherencia Rápida® e inmediatamente después contesta a las siguientes preguntas:

a. ¿Cuáles de estas acciones son factibles?
b. ¿Cuándo las voy a realizar? Concreta días y horario. Cuanto más concreto mejor.
c. ¿Durante cuánto tiempo voy a realizar estas acciones como plan de liberación del estrés? (3 semanas, un mes, 2 meses...)
d. En una escala del 1 al 10, ¿cuál es mi nivel de compromiso con la realización de este plan?

Si tu nivel de compromiso es inferior a 9, entra de nuevo en un estado de coherencia cardíaca y vuelve a contestar a las preguntas.

Un nivel de compromiso inferior a 9 indica que ya sabemos que hay algo que puede impedir que realicemos el plan. Crea el plan de liberación del estrés con las acciones que sepas seguro que vas a poder llevar a cabo. A veces apuntamos demasiadas cosas y alguna de ellas nos resulta complicada. Esa puede echar abajo todo el plan y que no terminemos de acometerlo.

Es importante que podamos llevar a cabo aquello que hemos establecido. No importa si solo fijamos una acción; es preferible una acción que ninguna. Te aseguro que el caballo te lo agradecerá.

Coherencia Cardíaca con el Caballo

Esta práctica la vamos a hacer para generar confianza en el caballo y para aumentar nuestra línea base de coherencia.

¿Has visto la película de 'El hombre que susurraba a los caballos'? En ella Robert Redford interpretaba a un *'cowboy'* que acompañaba a un caballo traumatizado, tras sufrir un accidente, a volver a recuperar la confianza en las personas. Durante la película, el protagonista pasaba largas horas, y días, en compañía del caballo esperando a que confiara en él y se le acercara, lo que al final ocurre en la película.

Pues bien, esto mismo es lo que vamos a hacer practicando este ejercicio. Cuando pasamos tiempo en un estado de coherencia cardíaca en el mismo espacio físico que el caballo, sin pedirle nada, lo que estamos haciendo es comportarnos como uno de sus compañeros de manada.

Los caballos en manada pasan tiempo juntos en coherencia, sin pedirse nada.

El que nosotros adoptemos este comportamiento genera confianza y seguridad en el caballo. Es una práctica sencilla y poderosa que nos puede aportar también a nosotros estados de coherencia elevados.

Para generar conexión con el caballo mediante esta práctica tenemos que considerar dónde la vamos a desarrollar dependiendo de las características del animal con el que vayamos a trabajar. Lo ideal es trabajarla en un lugar donde él se sienta a gusto y seguro.

Si el caballo vive en un cercado podemos entrar y practicar allí. Si vive con más caballos y lo que queremos es afianzar nuestra relación con él podemos llevarlo a otro espacio en el que también se sienta cómodo.

Si vive en un box o en un cercado muy reducido lo llevaremos a otro corral o a una pista. Es muy importante que el caballo tenga libertad de movimiento y se sienta libre.

Si no está acostumbrado a estar suelto en una pista primero lo acostumbraremos al nuevo espacio. Podemos pasearlo por la pista del ramal o practicar la dinámica de Sincronización con el Caballo™ de la pág 149, y poco a poco ir dejándolo en libertad sin ramal ni cabezada.

Si es un caballo al que se le ha acostumbrado a sacarlo a la pista y arrearlo para que corra (una práctica totalmente desfavorable para el caballo que puede generar las típicas lesiones por falta de calentamiento, además de problemas de comportamiento), también lo acostumbraremos primero a que esté relajado en libertad. Quizás no se habitúe en un solo día, y en ese caso utilizaremos el tiempo que sea necesario. Recordemos que el tiempo es un recurso de aprendizaje y el objetivo es generar una relación de coherencia, no completar la dinámica cuanto antes.

Una vez esté tranquilo en el lugar donde vamos a practicar, por ejemplo en una pista, saldremos de la misma y nos prepararemos nosotros para la dinámica.

En todas las dinámicas que requieran llevar al caballo a un lugar distinto de donde se encuentra comenzaremos llevándolo a donde trabajaremos y después saldremos para prepararnos.

Para esta dinámica puedes llevar una sillita plegable contigo para sentarte y estar más cómodo en el espacio donde vayas a practicar.

- Objetivos: desarrollar la confianza del caballo en nosotros. Aumentar nuestra línea base de coherencia.

- Práctica:

1. Practica el ejercicio de Escáner y Equilibrio™ antes de entrar en el lugar donde se encuentra el caballo. Ten presente la Pausa ante cualquier emoción agotadora.

2. Entra en el espacio donde se encuentra el caballo manteniendo la respiración enfocada en el corazón y colócate a unos 3 m de distancia suya. (Si después el caballo se acerca a ti, lo que es muy probable, maravilloso, no hace falta que te apartes; lo importante es que respetes su espacio al entrar y mantengas la distancia).

3. Practica la Técnica de Coherencia Rápida® con un sentimiento de aprecio hacia el caballo.

4. Una vez te encuentres totalmente sumergido en la experiencia de sentir aprecio por el caballo, imagina mentalmente como de tu corazón emana ese sentimiento y envíaselo al caballo con tu conciencia. Continúa enviando ese sentimiento durante unos minutos, 5, 10, 15 minutos; cuanto más tiempo mantengas la concentración y el sentimiento mejor.

    Si sientes que tu atención se desvía, respira profunda, lenta y rítmicamente enfocándote en tu corazón, imaginando que el aire entra y sale del mismo, y vuelve de nuevo a experimentar el sentimiento de aprecio y a enviárselo al caballo.

5. Para finalizar realiza 3 respiraciones profundas enfocando la atención en el área del corazón e imaginando que el aire entra y sale del mismo.

Practica esta dinámica durante 15 minutos como mínimo.

Conexión con el Caballo™

En esta dinámica nos vamos a enfocar en conectar con el caballo a través de la conexión con nosotros mismos.

Te propongo un ejercicio para que hagas ahora mismo:

- Deja de leer por un instante. Pon la atención en algún lugar u objeto que esté al alcance de tu mano y tócalo con la mano. Deja de leer y hazlo ahora mismo.

- Ahora, si ya lo has hecho, pon la atención en tu mano, mírala y prestándole atención a esa parte de tu cuerpo con todos tus sentidos vuelve a tocar el mismo lugar. No retires la atención de la mano en ningún momento, enfócate en ella por completo y experimenta la sensación que se produce en ella mientras te acercas al objeto, después siente y experimenta la sensación en tu mano en el momento en que hace contacto físico con ese objeto.

¿Has notado alguna diferencia de la primera experiencia a la segunda?

En el primer caso estabas enfocado en el objeto que ibas a tocar, en el objetivo, en el futuro. Tu mente ya generaba una expectativa de cómo iba a ser el contacto con ese objeto. Probablemente, si su temperatura o la superficie no eran muy «sorprendentes» no hayas sentido nada que te llamara la atención al tocarlo; tu mente ya había predicho cómo iba a ser el contacto, así que no había mucho por descubrir.

En el segundo caso la atención estaba en ti mismo, en tu cuerpo, en las sensaciones que experimentabas. Estabas en el presente, sintiendo tu mano en el tránsito hacia ese objeto. Y cuando esta ha alcanzado el objeto has experimentado la sensación en tu cuerpo. Te has experimentado a ti en relación con ese objeto.

Ya sabemos que no podemos conectar con otro ser si no conectamos primero con nosotros mismos, y aquí está la clave de esta dinámica: poner la atención en nosotros en lugar de poner la atención en el caballo.

Poner la atención en nosotros mismos cuando nos relacionamos con el caballo nos permite tomar conciencia de nuestros comportamientos, emociones y sensaciones. Las sensaciones nos transmiten información, la información que está presente. Cuando estamos desarrollando una comunicación coherente con caballos es fundamental tomar conciencia de nosotros mismos.

Poner la atención en nosotros mismos nos sirve de guía cuando nos relacionamos con los caballos. Imagina que estoy montando y estoy todo el rato mirando la cara del caballo, mirando hacia abajo. Imagina que algo lo asusta y yo todavía enfoco más la atención en él. Entonces, empiezo a experimentar estrés, que le transmito al caballo, y con ello este se altera más. Entonces me enfoco aún más en sus reacciones, en él. Estoy completamente desconectado de mí y enfocado en el caballo. Eso me estará llevando a experimentar una situación no deseada, en la que el caballo cada vez se altera más.

....

Poner la atención en uno mismo en lugar de en las reacciones del caballo nos permite volver a la calma y gestionar las reacciones del caballo de forma eficaz.

....

Esta dinámica nos acompaña a entrenar esa atención en nosotros mismos para que seamos capaces de percibir rápidamente el momento en que nos perdemos en el otro, en este caso en el caballo, en sus reacciones.

- Objetivos: conectar con el caballo mediante la conexión con nosotros mismos. Poner la atención en nosotros en lugar de ponerla en el caballo. Tomar conciencia de nuestra dimensión física. Tomar conciencia de la percepción de la energía a través de nuestra dimensión física.

- Práctica:

Realiza esta dinámica con el caballo en un espacio donde pueda moverse libremente.

1. Practica el ejercicio de Escáner y Equilibrio™ antes de entrar en el lugar donde se encuentra el caballo. Ten presente la Pausa ante cualquier emoción agotadora.

2. Entra en el espacio donde está el caballo con la respiración enfocada en el corazón, imaginando que el aire entra y sale del corazón.

3. Colócate cerca del caballo sin establecer contacto físico con él, mientras sigues con la respiración enfocada en el corazón. Comienza a poner la atención en tus manos, siente las sensaciones que experimentas en ellas, la temperatura, quizás un ligero hormigueo, etc.

4. Respira ahora enfocándote en las manos, imagina que el aire entra y sale por tus manos y experimenta esa sensación.

5. Coloca las manos con las palmas extendidas a una distancia de un palmo del cuerpo del caballo y con la atención enfocada en tus manos comienza a acariciar el cuerpo del caballo sin tocarlo. Mantén la distancia entre las manos y el caballo, y acaricia desde esa distancia todo su cuerpo sin tocarlo mientras enfocas la atención por completo en tus manos.

6. Una vez hayas acariciado todo el cuerpo del caballo sin tocarlo por ambos lados quédate parado y enfoca la respiración en el corazón, imaginando que el aire entra y sale del mismo durante 3 respiraciones.

7. Tras las 3 respiraciones vuelve a enfocar toda tu atención en las manos, mientras respiras de forma regular, y comienza a acariciar al caballo, esta vez estableciendo contacto físico. Mantén la atención enfocada en tus manos mientras acaricias al caballo por todo el cuerpo. Siente las sensaciones que experimentas en las manos al contacto con la piel, el pelo y las diferentes partes del cuerpo del caballo.

8. Cuando hayas acariciado todo el cuerpo del caballo quédate quieto y vuelve a enfocar la atención en el corazón durante 3 respiraciones profundas para finalizar la dinámica.

Conexión con las Necesidades del Caballo™

Mediante esta dinámica vamos a impulsar una comunicación energética con el caballo para fomentar y afianzar la relación de confianza, liberándolo de estrés, a través del hecho de satisfacer necesidades suyas de las que aún no somos conscientes.

La comprensión es una pieza clave de esta dinámica. Recordemos que cuando un caballo se siente comprendido su confianza en nosotros aumenta rápidamente.

Es recomendable practicar esta dinámica cuando ya llevemos un tiempo de práctica diaria de coherencia cardíaca, pues lo que se pretende es detectar las necesidades del caballo a través de la comunicación energética que se manifiesta en forma de intuición. El desarrollo de la intuición se afina mediante la práctica de coherencia cardíaca diaria.

• Objetivos: impulsar la comunicación energética. Cubrir las necesidades del caballo. Liberar de estrés al caballo. Fomentar la relación de confianza con el caballo mediante la comprensión. Desarrollar nuestra intuición.

- Práctica:

    1. Practica el ejercicio de Escáner y Equilibrio™ antes de entrar en el lugar donde se encuentra el caballo. Ten presente la Pausa ante cualquier emoción agotadora.

    2. Entra en el espacio donde se encuentra el caballo en silencio, manteniendo una respiración enfocada en el corazón. No establezcas contacto físico ni verbal; buscamos una comunicación energética.

    3. Quédate a una distancia de como mínimo 1,5 m del caballo. Míralo a los ojos (o al ojo) durante 5 minutos. Mantente en silencio y con la respiración enfocada en el corazón.

    4. Pasados los 5 minutos pregúntate: ¿qué veo en sus ojos? No intentes deducir, simplemente observa la respuesta que surge al realizar la pregunta. Aquí no hay respuestas correctas y erróneas; se trata simplemente de observar aquello que surge.

    5. Una vez tengas la respuesta enfócate completamente en ti y practica la Técnica de Coherencia Rápida® sumergiéndote en la experiencia de un sentimiento de gratitud por alguien o algo en tu vida.

    6. Termina la técnica con ese sentimiento de gratitud e inmediatamente vuelve a mirar al caballo a los ojos y pregúntale: ¿qué es lo que necesitas de mí?

    7. Recibe la respuesta intuitivamente. La intuición es instantánea, la respuesta será aquello que primero te viene a la mente de forma inmediata. No lo cuestiones, simplemente atiéndelo. A veces es algo que ya hemos pensado antes pero que no hemos puesto en práctica, algo que supone un desafío llevar a la práctica. Cuando la respuesta supone un

reto la mente puede entrar a cuestionar. En ese momento la intuición se difumina. Confía en la primera respuesta que te venga a la mente y continúa al último y más importante de los pasos...

8. Comprométete a cubrir la necesidad física o emocional del caballo que te ha venido a la mente.

    Este último paso es el más importante: es la acción coherente de esta dinámica. No solamente se van a ver beneficiados el caballo y nuestra relación con él, sino que también estaremos entrenando y desarrollando nuestra intuición. Una vez comprobemos el efecto que genera el cubrir esa necesidad del caballo, la confianza en nuestra intuición aumentará, y con ello nuestra autoestima.

Sincronización con el Caballo™

En esta dinámica vamos a conectar con el caballo a través de la conexión con nosotros mismos. Para ello centraremos la atención en nosotros en lugar de ponerla en el caballo, desarrollando una guía clara y transmitiéndole calma a él.

Esta práctica nos acompaña, por una parte, a ser conscientes de nuestro estado emocional y poder regularlo, y por otra, a ser conscientes de las reacciones y respuestas del caballo a nuestros comportamientos y emociones.

Para practicar estableceremos un recorrido por el que trabajaremos. Puede ser un recorrido por el campo, por algunos caminos concretos o puedes montar un recorrido en una pista o cercado por el cual transitar con el caballo.

Si trabajas en una pista o cercado puedes crear un recorrido con conos, barras de tranqueo, cuerdas en el suelo o cualquier otro material que resulte seguro para el caballo y te ayude a definir la dirección del recorrido. Por ejemplo, puedes colocar un cono que sirva como centro de un círculo imaginario, unas barras de tranqueo por las que haya que pasar, unas figuras que haya que rodear, etc.

Si creas un recorrido asegúrate de que no sea repetitivo y que el caballo tenga suficiente espacio para transitar por él con comodidad. Evita las curvas y los zigzags muy cerrados; nuestro objetivo es que el caballo camine atento, pero sin que le genere ningún tipo de incomodidad ni estrés, que ande desde la relajación y la curiosidad.

En esta dinámica vamos a llevar al caballo del ramal; mi recomendación es que uses una cabezada de cuadra de nylon con las correas (muserola, carrilleras, testera y ahogadero) anchas, planas y sin nudos, para mayor comodidad suya.

- Objetivos: conectar con el caballo a través de la conexión con uno mismo. Centrar la atención en uno mismo y no en el caballo. Tomar conciencia de nuestro estado emocional y regularlo. Desarrollar la presencia y la coherencia. Establecer una guía clara y consistente para el caballo. Transmitir coherencia y calma al caballo.

- Práctica:

    1. Practica el ejercicio de Escáner y Equilibrio™ antes de entrar en el lugar donde se encuentra el caballo. Ten presente la Pausa ante cualquier emoción agotadora.

2. Mantén una respiración enfocada en el corazón con el mismo ritmo lento y profundo, imaginando que el aire entra y sale del corazón. Ve a donde se encuentra el caballo, ponle la cabezada y llévalo al lugar del recorrido.

3. Manteniendo el mismo ritmo de respiración comienza el recorrido con el caballo sincronizando tu paso al caminar con el ritmo de tu respiración enfocada en el corazón. Mantén la atención en ti, no en él, durante todo el trayecto.

4. Transcurridos unos 5 minutos detente con el caballo en el lugar del recorrido en el que te encuentres y practica la Técnica de Coherencia Rápida® durante unos 3 minutos. Puedes practicar la técnica con los ojos abiertos o cerrados, como más cómodo te resulte.

5. Al terminar la técnica continúa el recorrido con el mismo ritmo de respiración profunda enfocada en el área del corazón, sincronizando tu paso al ritmo de la respiración.

6. Pasados unos 5 minutos vuelve a parar y repetir el paso 4.

7. Repite los pasos 5 y 4 hasta completar el tiempo de la dinámica.

Realiza esta dinámica durante 20-30 minutos.

Ficha Evaluación Coherente™

Realizar una evaluación de las sesiones con los caballos promueve la responsabilidad y nos ayuda tomar conciencia de todo lo acontecido en la sesión. Nos acompaña a identificar nuestras fortalezas y debilidades, así como la evolución del caballo y de nuestra relación de coherencia con él.

Hacer la evaluación y llevar el control de las sesiones impulsa nuestra motivación y establece una estructura que influirá en la relación con él de forma notable, aportando coherencia en la comunicación.

Elaboración de la ficha de evaluación coherente:

Apunta el nombre del caballo, la fecha de la sesión y contesta a las siguientes preguntas:

1. ¿De qué forma me he preparado la sesión con el caballo? (Primeros 3 pasos: coherencia-intención-equilibrio, espacio, equipamiento, material, etc.)

2. ¿Cuál ha sido el objetivo de la sesión?

3. ¿Cómo ha sido mi estado emocional durante la sesión? ¿Qué emociones han estado presentes? ¿Cuál ha sido mi nivel de coherencia cardíaca durante la sesión en una escala del 1 al 10?

4. ¿Qué pensamientos de estrés han surgido durante la sesión? ¿De qué forma los he gestionado?

5. ¿Cómo ha sido el comportamiento del caballo? ¿Qué he observado en él que me ha llamado la atención?

6. ¿En qué comportamientos del caballo he visto reflejado mi estado emocional?

7. ¿Dónde ha tenido lugar la sesión (pista, campo, cercado, etc.)?

8. ¿De qué forma y con qué ejercicios se ha trabajado el objetivo de la sesión (dinámicas, equipamiento, material, etc.)?

9. ¿Cómo de eficaces han resultado los ejercicios, el equipamiento y el material con relación al objetivo de la sesión?

10. ¿Hasta qué punto he conseguido establecer una relación de coherencia con el caballo?

11. ¿Qué se ha llevado el caballo de esta sesión, de qué forma se ha visto beneficiado?

12. ¿Qué es lo que más me ha gustado de la sesión? ¿Cuál es mi nivel de satisfacción con la sesión, en una escala del 1 al 10?

Practica la Técnica de Coherencia Rápida®.

Nada más terminar la técnica contesta a la pregunta: ¿si volviera a tener esta misma sesión, qué haría de forma diferente para mejorar el resultado y el beneficio obtenido por el caballo y por mí mismo?

COHERENCIA CARDÍACA EN LA MONTA

Cuando montamos a caballo nuestro cuerpo está en contacto con el cuerpo del animal, lo que quiere decir que todo lo que haga nuestro cuerpo va a ser percibido de forma inmediata por él. Cada pequeño cambio de posición, cada pequeña tensión, cada pequeño movimiento nuestro va a ser percibido por el caballo.

Cuando montamos a caballo recibimos su *'feedback'* sobre nuestra energía y emociones de forma, si cabe, aún más rápida

Recordemos que nuestro cuerpo físico expresa nuestra energía interna y que esta viene determinada por las emociones que estamos experimentando. Esto pone de manifiesto la extrema importancia de manejar nuestra energía interna y nuestro cuerpo a la hora de subirnos en un caballo.

Vamos a ver ahora algunas dinámicas que van a contribuir en el manejo de nuestra energía en la monta, sin perder de vista los 3 primeros pasos que realizaremos antes de cualquier sesión: coherencia, intención y equilibrio.

Respiración Coherente en la Monta™

Cuando practiquemos dinámicas de coherencia cardíaca montando a caballo prestaremos especial atención a la respiración.

Por una parte, estableceremos la intención de mantener una respiración enfocada en el corazón, imaginando que el aire entra y sale del corazón durante toda la sesión de monta.

Y por otra sincronizaremos los movimientos del cuerpo con nuestra respiración. Esto nos lleva a desarrollar una mayor conexión entre la mente y el cuerpo, aumentando nuestra conciencia corporal y mejorando la eficiencia de nuestros movimientos. Al mismo tiempo, cuando coordinamos el cuerpo y la respiración se reduce el estrés y aumenta nuestra concentración, ya que esta tarea exige una atención plena en el presente.

Para sincronizar los movimientos del cuerpo con la respiración haremos lo siguiente:

Cada vez que realicemos un movimiento consciente que implique tensión inhalaremos enfocando la atención en el área del corazón y cuando hagamos un movimiento que implique relajación exhalaremos manteniendo la atención en el corazón.

Por ejemplo, inhalaremos al darnos impulso (tensión) para subir al caballo y exhalaremos al apoyar suavemente nuestro asiento en la montura (relajación).

En el momento de las transiciones ascendentes (tensión) pediremos la transición inhalando y en las transiciones descendentes (relajación) exhalando.

Asiento Conectado™

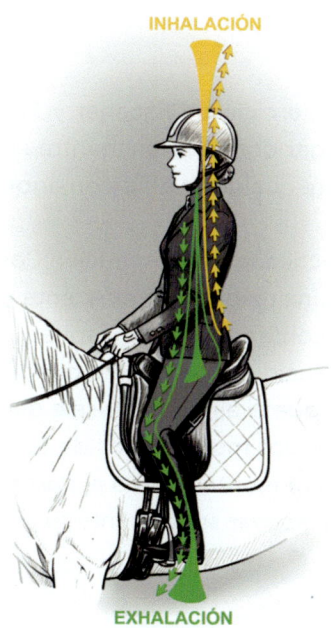

RESPIRACIÓN ASIENTO CONECTADO™

Un asiento conectado es un asiento relajado, que acompaña los movimientos del caballo permitiéndole soltura en el dorso, movimiento en las espaldas y flexión del tronco en las incurvaciones. Un asiento conectado nos proporciona seguridad a nosotros y comodidad al caballo.

A veces nuestro asiento es rígido y tenso por diferentes causas, como emociones agotadoras, excesiva tensión en las piernas, unos codos sin flexionar, una mirada muy baja, etc. Un asiento rígido provoca incomodidad en el caballo y puede ser causa de contracturas en los músculos del dorso, por la presión o los golpes del asiento en aires como el trote o el galope.

Practica esta dinámica al paso y sin estribos.

- Objetivos: aumentar la conexión de nuestro asiento con el caballo. Promover la comodidad del caballo y seguridad en nosotros. Generar coherencia en la monta.

- Práctica:

  1. Practica el ejercicio de Escáner y Equilibrio™ antes de entrar en el lugar donde se encuentra el caballo. Ten presente la Pausa ante cualquier emoción agotadora.

  2. Montar (practicando la Respiración Coherente en la Monta™):
     - Mantén una respiración más lenta y profunda de lo normal, contando 5 en la inspiración, 5 en la expiración o 4-4 o cualquier otro ritmo que te resulte más cómodo. Imagina que el aire entra y sale del corazón.
     - Sincroniza los movimientos de tu cuerpo con la respiración para montar. Inhala al darte impulso para subir y exhala al apoyar suavemente tu asiento en el dorso del caballo.

3. Pídele paso al caballo y mantén el ritmo de la respiración enfocándote en el corazón durante unos minutos, hasta que sientas que te encuentras totalmente en la experiencia de respirar con el corazón.

4. Inhalación/exhalación:
   - Inhalación: imagina que al inhalar sube un hilo de energía por el centro de tu columna vertebral, que la recorre desde el coxis hasta salir por la coronilla, sosteniendo la columna recta a la vez que los músculos de la espalda y los hombros se relajan. Experimenta como la distancia entre tus orejas y tus hombros se alarga, las orejas suben hacia arriba a la vez que los hombros bajan hacia abajo.
   - Exhalación: exhala sintiendo como la gravedad desliza hacia abajo tu coxis, caderas y piernas, mientras tu columna sigue sosteniendo con sutileza la espalda.
   - Repite esta forma de inhalar/exhalar durante 5 minutos.

5. Vuelve a centrar la atención en el área del corazón, imaginando que el aire entra y sale del mismo. Mantén esta respiración hasta que sientas que te encuentras totalmente en la experiencia de respirar con el corazón.

6. Cuando estés inmerso en la práctica de respirar con el corazón experimenta un sentimiento de gratitud por algo o alguien en tu vida. Recréate en la experiencia unos 3 minutos.

7. Repite los pasos 4, 5 y 6 dos veces más, mientras continúas al paso.

Vínculo Dimensión Física™

En esta dinámica vamos a trabajar por una parte el vínculo de nuestra dimensión física con la dimensión física del caballo, y por otra vamos a fomentar nuestra confianza en el caballo, y viceversa. Para ello permitiremos al caballo que se mueva libremente mientras lo montamos.

Manteniendo un asiento conectado, vamos a poner la atención en las sensaciones que experimentamos en el cuerpo con los movimientos del caballo.

Puedes realizar esta dinámica montando a pelo, en el caso de que el caballo esté en buena forma física y tenga un dorso bien musculado, preparado para sostener el peso de una persona sin dañar su columna. Recordemos aquí que el peso recomendado del jinete debe estar entre un 10-15 % del peso del caballo. En caso de que no sea apto para ser montado a pelo utilizaremos una montura adecuada y ajustada a su dorso, que reparta el peso del asiento de manera uniforme y proteja su cruz y columna vertebral de la presión.

Durante la dinámica permitiremos que el caballo camine libremente, sin dirigir su movimiento. Es recomendable que practiques esta dinámica en una pista acotada o en un cercado.

- Objetivos: que el caballo experimente libertad de movimiento mientras tiene a una persona encima. Potenciar nuestra confianza en el caballo. Desarrollar la confianza del caballo en nosotros. Generar conexión entre la dimensión de física del caballo y la nuestra.

- Práctica:

  Practica la Respiración Coherente en la Monta™ durante la dinámica y mantén un Asiento Conectado™

1. Practica el ejercicio de Escáner y Equilibrio™ antes de entrar en el lugar donde se encuentra el caballo. Ten presente la Pausa ante cualquier emoción agotadora.

2. Monta a la vez que practicas la Respiración Coherente en la Monta™.

3. Mantén la respiración enfocada en el corazón imaginando que el aire entra y sale del mismo y permite que el caballo se mueva libremente al paso.

4. A la vez que mantienes una respiración lenta y profunda presta atención a las sensaciones que experimentas. Comienza sintiendo tus pies y ve recorriendo tu cuerpo con la conciencia observando sus movimientos y sensaciones, hasta llegar a tu coronilla.

5. Lleva ahora la conciencia a tus caderas manteniendo el ritmo de la respiración, observa los movimientos y experimenta las sensaciones que el movimiento del caballo provoca en tus isquiones y caderas.

6. Presta atención al movimiento de las patas del caballo. Observa y siente la diferencia de movimiento en tus caderas, isquiones y muslos cuando el caballo apoya cada una de las 4 patas.

7. Si el caballo se para puedes practicar la Técnica de Coherencia Rápida® o mantener la respiración enfocada en el corazón prestando atención a lo que acontece en el presente.

Practica esta dinámica durante 20-25 minutos.

Coherencia en la Equitación™

Esta dinámica nos acompaña a estar presentes y enfocados en el trabajo que estamos realizando a través de la atención en la respiración. Con ella entrenamos la atención, generamos coherencia y afianzamos la confianza potenciando la conexión con el caballo en la equitación.

A veces, cuando montamos a caballo y experimentamos una emoción agotadora aguantamos la respiración sin darnos cuenta. Esto genera más tensión en el cuerpo que le transmitimos directamente al caballo. Esta dinámica nos va a ayudar a ser conscientes de nuestra respiración y entrenarla mientras montamos. Este entrenamiento continuado nos proporciona un nuevo hábito de respiración que nos permite regularnos y volver a la coherencia rápidamente cuando lo necesitemos.

Esta práctica resulta altamente beneficiosa para caballos dedicados a clases de equitación y también para los alumnos de estas. Igualmente podemos introducirla en la rutina de trabajo de un caballo de deporte y también practicarla con un caballo dedicado únicamente a dar paseos en el campo; en este caso aumentará la motivación del caballo al mismo tiempo que generará una conexión más profunda con su jinete.

Durante la dinámica trabajaremos en los siguientes aires: paso, trote de trabajo (levantado), trote medio (levantado) y paso libre.

Vamos a mantener la atención enfocada en la respiración, imaginando que el aire entra y sale del corazón. Y estableceremos la intención de ser conscientes de si en algún momento aguantamos la respiración. En ese caso volveremos a centrar la atención en ella y continuaremos normalmente con la dinámica.

• Práctica:

Practica la Respiración Coherente en la Monta™ durante el transcurso de la dinámica y mantén un Asiento Conectado™

1. Practica el ejercicio de Escáner y Equilibrio™ antes de entrar en el lugar donde se encuentra el caballo. Ten presente la Pausa ante cualquier emoción agotadora.

2. Monta practicando la Respiración Coherente en la Monta.™

3. Ponte al paso largo con riendas largas, permitiendo al caballo que estire bien el cuello. Mantén la atención en la respiración enfocada en el corazón. Trabaja durante 10 minutos a las dos manos montando por toda la pista y realizando semicírculos en los lados cortos.

4. Realiza una transición al trote de trabajo (trote levantado) practicando la Respiración Coherente en la Monta™.
   Sostén una respiración rítmica enfocada en el corazón. Ajusta el tiempo de inhalación/exhalación si lo necesitas por el movimiento del trote. Puedes acortar el tiempo; si estabas contando 5-5 puedes pasar a 4-4 o a 3-3, o lo que te resulte más cómodo, sosteniendo una respiración lo más lenta y profunda que puedas, sin que sientas que te falta el aire.
   Mantente al trote de trabajo a una mano durante 5 minutos, monta por toda la pista y realiza círculos de 20 metros en los lados cortos.

5. Realiza una transición al paso largo practicando la Respiración Coherente en la Monta™

6. Mantén paso largo durante 2 minutos mientras pones la atención en la respiración rítmica enfocada en el corazón, imaginando que el aire entra y sale del mismo. Cambia de mano por la diagonal

7. Realiza una transición al trote de trabajo (trote levantado) practicando la Respiración Coherente en la Monta™ y mantén la atención en la respiración enfocada en el corazón. Trabaja a esta otra mano durante 5 minutos montando por toda la pista y realizando círculos de 20 m en los lados cortos.

8. Haz una transición al paso practicando la Respiración Coherente en la Monta™

9. Ponte al paso largo manteniendo la atención en la respiración enfocada en el corazón durante 2 minutos y haz un cambio de mano por la diagonal.

10. Practicando la Respiración Coherente en la Monta™ realiza una transición a trote medio (trote levantado) alargando las riendas lo máximo posible. Mantén la atención en la respiración enfocada en el corazón. Trabaja al trote medio durante 2 minutos haciendo un cambio de mano por la diagonal durante ese tiempo.

11. Haz una transición al paso practicando la Respiración Coherente en la Monta™

12. Realiza paso libre durante 10 minutos practicando la Técnica de Coherencia Rápida® durante los últimos 5 minutos.

COMUNICACIÓN COHERENTE EN LIBERTAD

El trabajo con caballos en libertad es uno de los que más puede beneficiar nuestra comunicación con ellos, siempre que se realice desde la base de la coherencia, es decir, desde la calma y el equilibro sin generar estrés en el caballo.

Los caballos en manada se mueven los unos a los otros sin necesidad de tocarse físicamente, utilizan su energía y su lenguaje corporal. Esto es lo que vamos a hacer en esta dinámica: comunicarnos desde la energía con el caballo en libertad.

Como ya sabemos, los caballos son animales muy grandes que nos pueden hacer mucho daño; por ello, establecer una comunicación y unos límites claros es fundamental para que nosotros, como humanos, podamos también disfrutar de la confianza y la seguridad en la relación con ellos.

Esta dinámica nos va a acompañar a establecer una comunicación clara con el caballo y fijar límites a la vez que aprendemos a manejar nuestra energía interna.

Antes de comenzar con la dinámica debemos tener en cuenta las 5 variables que van a determinar el movimiento del caballo:

1. Distancia
2. Posición
3. Dirección
4. Foco
5. Energía

1. Distancia

Mantendremos siempre la distancia de seguridad para preservar nuestra integridad física. Una pista redonda de entre 24 y 20 m de diámetro es lo ideal para poder trabajar. Una pista redonda no debería medir menos de 20 m de diámetro, ya que las curvas resultan muy cerradas para los movimientos del caballo y sus articulaciones pueden verse comprometidas y sufrir lesiones. Igualmente, ese diámetro es necesario para que nosotros podamos mantener la distancia de seguridad con el caballo.

Por otra parte, la distancia que mantenemos con el caballo puede actuar ejerciendo presión sobre él: a menor distancia más presión recibe, a mayor distancia, menor presión.

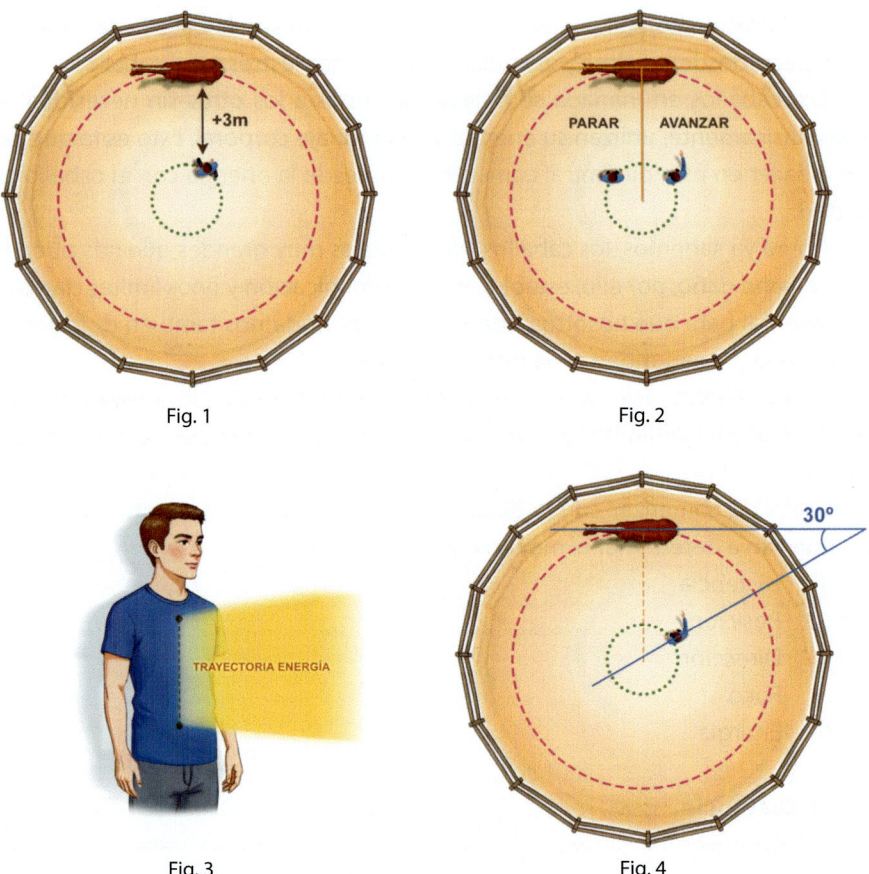

Fig. 1

Fig. 2

Fig. 3

Fig. 4

2. Posición

Mientras el caballo avance nosotros avanzaremos con él; para ello caminaremos de forma paralela a él en un círculo concéntrico imaginario. Nos colocaremos como mínimo a 3 m de distancia del caballo (fig. 1). Si no mantenemos la distancia de seguridad y se queja o asusta lanzando una coz al aire, sus cascos pueden alcanzarnos.

Por otra parte, la posición en la que nos encontremos con respecto a la perpendicular del caballo determinará que él avance o pare. Si trazamos una perpendicular sobre la línea imaginaria en la que camina el caballo, saliendo justo por la mitad de su cuerpo, nos lo encontraremos dividido en dos mitades. Si nos colocamos en paralelo en la mitad que corresponde a la parte trasera del caballo propiciaremos el que él avance. Por el contrario, si nos posicionamos en paralelo en la mitad correspondiente a la parte delantera del caballo propiciaremos el que se pare (fig. 2).

3. Dirección

Para establecer la dirección del movimiento del caballo dirigiremos nuestro cuerpo allá a donde deseemos enviar la energía.

Nuestros hombros y caderas girarán ligeramente hacia la dirección a la que deseamos que el caballo dirija su movimiento. Imagina una línea que va desde el centro de gravedad de tu cuerpo, justo debajo del ombligo, hasta el centro de tu pecho. Ahora imagina esa línea como el lugar del que surge en perpendicular la trayectoria de la dirección de tu energía (fig. 3). Observa como al girar tus hombros o caderas esa línea cambia la trayectoria de la energía. Ten esto presente: allá adonde apunte tu trayectoria se dirigirá tu energía.

Para que el caballo avance en el círculo nos colocaremos con los hombros y las caderas dibujando un ángulo de unos 30° aproximadamente con respecto a la línea imaginaria por donde avanza él (fig. 4).

4. Foco

Para focalizar la energía utilizaremos la mirada y los brazos, que apuntarán, como si fueran una flecha, en la dirección donde se inicia el movimiento del caballo. Por ejemplo, si deseo que camine hacia delante apuntaré a su cadera, que es donde este inicia el movimiento hacia delante. Si deseo que gire hacia un lado apuntaré hacia su hombro, que es desde donde inicia el movimiento de giro.

Es muy importante tener en cuenta también la dirección de la trayectoria de nuestra energía cuando enfocamos.

5. Energía

Recuerda que el lenguaje corporal es la forma de expresión de la energía presente en el cuerpo, que la energía es el contenido y que el caballo percibe el contenido por encima de la forma. Así que lo primero que haremos será establecer la intención de aumentar o disminuir la energía, dependiendo de lo que necesitemos, y después la alinearemos con movimientos de dirección y enfoque adecuados.

La expresión de un aumento de energía viene dada en el cuerpo por un incremento de la tensión. Esa tensión la usaremos canalizándola y dirigiéndola a la parte del cuerpo que necesitemos para transmitir el mensaje oportuno al caballo.

....

Siempre de menos a más.

....

Si deseamos que el caballo aumente el movimiento se lo transmitiremos elevando nuestra energía y permitiendo que se exprese en el cuerpo. A mayor energía mayor movimiento. Empezaremos siempre de menos a más.

Por ejemplo, supongamos que el caballo está caminando al paso a mano izquierda; nosotros ya estamos posicionados para mantener su movimiento hacia delante, es decir, que nos encontramos caminando en paralelo a él por el círculo interior imaginario, posicionados en la parte trasera del caballo y dirigiendo la trayectoria de nuestra energía hacia delante con nuestros hombros y caderas dibujando un ángulo de 30° con respecto a la línea imaginaria por la que camina. Desde esta posición queremos pedirle que trote. En ese caso la secuencia sería la siguiente:

- Estableceremos la intención de aumentar la energía en nuestro cuerpo.

- Pondremos el foco en la cadera del caballo con la mirada.
- Con el brazo derecho estirado apuntaremos con la mano a la cadera del caballo, que es donde se genera el movimiento.
- Después aumentaremos la energía en nuestro cuerpo con cada inhalación, alargando el tronco, abriendo el pecho a la vez que separamos los hombros y manteniendo esa posición con una tensión media de los músculos de la espalda.
- Dejaremos que la energía se exprese a través del movimiento en nuestro cuerpo. Nosotros iremos caminando en el círculo concéntrico, con lo que podemos aumentar la velocidad de nuestros pasos, incrementar el movimiento levantando más las rodillas, dejar caer con más fuerza los pies en el suelo, etc. Podemos mover el brazo y la mano derecha de arriba abajo, mover el tronco, etc. A mayor movimiento, mayor energía.
- Iremos subiendo la energía poco a poco hasta recibir la respuesta de trote del caballo.

Una respuesta brusca por parte del caballo, por ejemplo, un acelerón repentino, indica que el aumento de nuestra energía no ha sido lo suficientemente gradual. Utilizaremos el '*feedback*' de su movimiento para ir regulando el manejo de nuestra energía. Todo movimiento del caballo debe resultar armónico y relajado, surgir de la calma, la coherencia y la voluntad. Si se ve sorprendido por un aumento brusco de la energía experimentará estrés.

Si deseamos que el caballo pare, lo que haremos es bajar nuestra energía y retirar la dirección, el foco y la mirada. En este caso la secuencia sería la siguiente:

- Estableceremos la intención de bajar la energía.
- Retiraremos la atención del caballo y la pondremos en nosotros mismos.
- Respiraremos de una forma más lenta y profunda, enfocando la atención en el corazón imaginando que el aire entra y sale del corazón a la vez que relajamos los hombros y el pecho con cada exhalación.
- Acto seguido nos detendremos.

En caso de que quisiéramos que el caballo realizara una transición del trote al paso:

- Estableceremos la intención de bajar la energía y que el caballo siga avanzando.
- Mantendremos la dirección y el foco.
- Reduciremos la energía y el movimiento. Respiraremos de forma más lenta y profunda, caminaremos más despacio, etc.

Si el caballo en lugar de seguir al paso parara nos estaría indicando que hemos «abandonado» la energía de avance o que la hemos reducido de forma brusca. En las transiciones descendentes debemos mantener la intención de avanzar para evitar «perder» la energía de avance.

En caso de que el caballo nos mire o avance hacia nosotros, le indicaremos que vuelva a su trayectoria aumentando nuestra energía gradualmente, a la vez que levantamos los brazos con las palmas de las manos extendidas, empujando desde la distancia en dirección a su cara con nuestra energía. Recuerda que los caballos no malgastan energía, así que si no reciben una señal clara de avance lo natural para ellos es detenerse.

Al principio practicaremos esta dinámica en una pista redonda acotada para que el caballo pueda estar atento a nosotros y a nuestros movimientos. Una vez hayamos establecido una relación de coherencia con él y esté lo suficientemente conectado con nosotros como para mantener la atención únicamente en nuestras indicaciones (cuando nos hayamos convertido en un líder coherente para él) podremos trabajar en espacios abiertos, pistas grandes o cercados.

Recurso extra: utiliza tu voz para facilitarle las cosas al caballo. Puedes asociar palabras a los diferentes aires, por ejemplo, «paso» para el paso, «trot» para el trote y «galop» para el galope, etc. Al pronunciar estas palabras cada vez que le pides una transición al caballo, pronto las aprenderá. Ello facilitará la comunicación entre ambos.

El paso a paso de esta dinámica es únicamente una guía; recuerda que lo que estamos trabajando es la comunicación coherente con el caballo. Lo más importante es aprender a regular nuestra energía para que él pueda comprender lo que le pedimos a la vez que podamos conocer su energía.

Con algunos caballos necesitaremos elevar más nuestra energía y con otros menos. No importa si los pasos de la dinámica no se siguen con exactitud; lo importante en esta dinámica es que aprendamos a manejar nuestra energía a través de lo que le pedimos al caballo y lo que se va presentando en los movimientos y comportamientos del mismo.

- Objetivos: manejar y regular nuestra energía en la comunicación con el caballo. Establecer una comunicación coherente con límites claros. Establecer un lenguaje comprensible para el caballo.

- Práctica:

  1. Practica el ejercicio de Escáner y Equilibrio™ antes de entrar en el lugar donde se encuentra el caballo. Ten presente la Pausa ante cualquier emoción agotadora.

  2. Mientras mantienes la respiración enfocada en el corazón pídele al caballo que se ponga al paso. Poco a poco ve indicándole a través de la dirección, el enfoque y la energía que avance hasta el borde de la pista para que amplíe la trayectoria del círculo lo máximo posible.

  3. Camina en paralelo al caballo por el círculo interior imaginario. Recuerda mantener una respiración rítmica enfocada en el corazón a la vez que aplicas la dirección, el foco y la energía oportunas. El caballo te indicará con sus respuestas y reacciones si la dirección, el foco y la energía son los ade-

cuados para el movimiento que le estás pidiendo. Es decir, si realiza el movimiento que le pides es que tus indicaciones son adecuadas, si no habrá que perfilarlas.

Aprovecha la posición del caballo para que le resulten más sencillos los movimientos que le pides. Si se encuentra en posición de avanzar a mano derecha pide paso a mano derecha en lugar de hacerle girar para que comience a mano izquierda. Cuanto más le facilitemos las cosas más voluntad tendrá de acceder a nuestras peticiones. Recuerda que la máxima del caballo es ahorrar energía en todos los movimientos. Cuanto más fácil le resulten las cosas más cómodo estará.

Si el caballo no responde revisa la dirección, el foco y la energía. Si la dirección y el foco son adecuados necesitarás aumentar la energía. Es muy importante que eleves la energía inmediatamente; cuanto más tardes en hacerlo y obtener respuesta del caballo, más energía tendrás que aplicar posteriormente. Recuerda que la energía es movimiento; establece la intención y aumenta los movimientos de tu cuerpo, manteniendo el foco y la dirección hasta que el caballo responda. No bajes la energía; auméntala hasta recibir una respuesta del mismo. Una vez él comprenda lo que deseas mediante tu expresión correcta, las siguientes veces la comunicación resultará mucho más sencilla.

4. Mantén una respiración regular enfocada en el corazón y pídele al caballo que continúe al paso manteniendo el mismo ritmo durante 5 minutos.

5. Pasados los 5 minutos pídele que pare. Detente, retira la mirada, la dirección y el foco del caballo y pon la atención en ti mismo. Respira de forma más lenta y profunda enfocando la atención en el corazón y quédate quieto durante unos 30 segundos.

    Si el caballo se acerca acarícialo mostrándole que eso es justo lo que le querías comunicar y continúa con la dinámica.

Si se para y no se acerca o sigue caminando, pasados los 30 segundos practica la Técnica de Coherencia Rápida® y después continúa con la dinámica.

Recuerda que lo que estamos trabajando es la comunicación coherente con el caballo; lo más importante es aprender a regular nuestra energía para poder transmitirle el mensaje que deseamos.

6. Manteniendo la respiración regular enfocada en el corazón pídele de nuevo paso dirigiéndolo a la otra mano repitiendo los pasos 2, 3 y 4.

7. Vuelve a pedirle paso cambiándolo de mano y tras 5 trancos de paso solicítale trote manteniendo la dirección y el foco y aumentando tu energía. Mantenlo al trote durante 3 minutos.

8. Pasados los 3 minutos pídele paso reduciendo tu energía manteniendo la intención de que avance. Conserva la dirección y el foco, así como la energía suficiente para que entienda que deseas que siga caminando. Continúa al paso durante 5 trancos.

9. Tras los 5 trancos de paso vuelve a pedir trote. Mantenlo al trote durante una vuelta completa.

10. Realiza 5 transiciones en total: paso 5 trancos, trote una vuelta completa.

11. Tras las 5 transiciones pídele que pare desde el paso. Detente, retira la mirada, la dirección y el foco del caballo, respira de forma más lenta y profunda enfocando la respiración en tu corazón y quédate quieto unos 30 segundos.

Si se acerca acarícialo mostrándole que eso justo es lo que le querías comunicar y continúa con la dinámica.

Si se para y no se acerca o sigue caminando, pasados los 30 segundos practica la Técnica de Coherencia Rápida® y después continúa con la dinámica.

12. Repite las 5 transiciones a la otra mano: paso durante 5 trancos, trote durante una vuelta completa.

13. Tras las 5 transiciones a la otra mano pídele al caballo que pare. Detente, retira la mirada, la dirección y el foco del mismo, respira de forma más lenta y profunda, enfocando la respiración en tu corazón y quédate quieto durante unos 30 segundos.

Si el caballo se acerca acarícialo mostrándole que eso justo es lo que le querías comunicar. Practica la Técnica de Coherencia Rápida® mientas él sigue en libertad y después finaliza la sesión.

Si el caballo se para y no se acerca o sigue caminando, pasados los 30 segundos practica la Técnica de Coherencia Rápida® mientas él sigue en libertad y después finaliza la sesión.

Practica de esta forma hasta sientas que la comunicación es clara y fluida. Después puedes introducir el galope y realizar transiciones trote-galope-trote adaptando el tiempo.

No alargues la sesión más de 25-30 minutos para favorecer la concentración de ambos.

Ten en cuenta siempre la forma física del caballo y adapta la dinámica a su condición.

CAPÍTULO 8

Coherencia cardíaca con caballos

> **La magia que experimentamos al relacionarnos con caballos no es magia, es ciencia.**

L a experiencia que viví en el 2018 entrando en coherencia cardíaca con una manada de 14 caballos durante 23 días cambió mi vida. En aquel momento definí la experiencia como mágica.

Esa magia me llevó a desear recrear la experiencia para ponerla a disposición de todo el mundo con el objetivo de que las personas pudieran ver a los caballos tal y como son. Tomarían conciencia de su naturaleza, sus necesidades, del valor incalculable que tienen para las personas. Pensé: «Eso hará que los conozcan de verdad, muchas personas dejarán de hacerles daño y les permitirán ser los seres maravillosos que son».

Que las personas pudieran experimentar lo que yo había experimentado era muy fácil; solo había que dejar a los caballos ser lo que son. Existir como lo que son, animales que viven en manada, caminan de 6 a 8 horas al día y tienen comida disponible todo el día.

Sabía que si las personas empezaban a relacionarse de esa forma con los caballos, si se creaban lugares adecuados para que las personas pudieran entrar en coherencia cardíaca con ellos, la vida de muchos caballos mejoraría.

Así que me puse a investigar sobre coherencia cardíaca y descubrí que aquello que experimenté con esa manada de caballos no era magia sino ciencia. Era un estado de coherencia elevado, potenciado por el campo electromagnético de 14 caballos equilibrados, que formaban un enorme campo electromagnético coherente integrado y que este arrastraba mi pequeño campo electromagnético del corazón a un estado de coherencia que nunca antes había experimentado.

El siguiente paso fue expandirlo. Estudié coherencia cardíaca en el Instituto HeartMath y después de aplicarla en mi trabajo con los caballos creé las formaciones de Coherencia Cardíaca con Caballos para que las personas empezaran a trabajar con coherencia cardíaca y expandir esta «nueva» forma de relacionarse con caballos. Hoy en día hay un directorio internacional de profesionales que han introducido la coherencia cardíaca con caballos en su trabajo, con presencia en 16 países[3].

Trabajando la coherencia cardíaca con caballos se produce una simbiosis perfecta entre personas y caballos. Los caballos necesitan ser y vivir como lo que son para que las personas puedan beneficiarse de esta magia. Los caballos que se dedican a este propósito disfrutan de una vida más sana y feliz, y las personas reciben a cambio una oleada de coherencia que las impulsa en todos los aspectos de su vida.

En el quinto de los estudios realizados por el Instituto HeartMath en colaboración con la Dra. Ellen kaye Gehrke, al que se unió la Dra. Ann Baldwin en el año 2008, se tomaron mediciones de la variabilidad de ritmo cardíaco de 7 pares de personas y caballos. En este estudio se pudo observar que cuando las personas entraban en coherencia en presencia de los caballos su nivel de coherencia aumentaba significativamente y se producía sincronización entre la variabilidad del ritmo cardíaco de las personas y la del ritmo cardíaco de los caballos.

También se observó que el estado de coherencia cardíaca en las personas puede impulsar el intercambio de información energética. Y que la calma y el estado autónomo del caballo tiene más influencia sobre las personas que el estado de la persona en el caballo. Esto pone de manifiesto la importancia de elegir a los ejemplares para las actividades de terapias asistidas con caballos, ya que no todos ellos pueden resultar adecuados.

Si el estado del caballo tiene mayor influencia sobre el estado de la persona y tenemos a un niño autista que va a realizar una terapia asistida con caballos con un animal que experimenta estrés porque sus necesidades de caballo no están cubiertas… ¿qué información energética estará recibiendo el niño del caballo: coherencia o incoherencia? Ha llegado el momento de plantear esta cuestión en el mundo de la terapia con caballos.

---

3   Puedes encontrar el directorio en la web www.coherenciacardiacaconcaballos.com

Un caballo que acompañe a la salud debe tener cubiertas sus necesidades de caballo y estar equilibrado en todas sus dimensiones, física, mental y emocional.

Los descubrimientos de este estudio resultaron muy significativos para mí a la hora de explicar científicamente lo que viví durante la experiencia de coherencia cardíaca que tuve con la manada de 14 caballos.

Para poder experimentar los beneficios de la coherencia cardíaca con caballos ellos tienen que estar en coherencia, es decir, libres de estrés.

Recordemos que el estrés se manifiesta en el organismo por una variabilidad de ritmo cardíaco incoherente, que viene determinada por emociones y sentimientos agotadores como la tristeza, la apatía, la depresión, la ansiedad, la frustración, etc.

Un equino sano y libre de estrés es un caballo sano en su dimensión física, mental y emocional.

Un caballo sano es un caballo equilibrado en todas las dimensiones.

Podemos deducir que los caballos que viven una vida lo más parecida posible a como la vivirían en libertad, es decir, en manada, con espacio suficiente para caminar, comida disponible durante todo el día, etc. son caballos que probablemente estén en un estado general de coherencia. Este tipo de caballos es el tipo más adecuado para realizar las actividades de coherencia cardíaca y terapia asistida con caballos.

CAPÍTULO 9

Beneficios de la práctica de coherencia cardíaca con una manada de caballos

No era magia era ciencia...

....

Y a hemos visto que somos sistemas de energía, que todo lo que comemos lo transformamos en energía, que todo el aire que respiramos lo transformamos en energía y que todos los procesos de nuestro cuerpo funcionan con energía. El estado de coherencia es el estado óptimo del organismo del que se obtiene un ahorro energético que el cuerpo puede utilizar en diversos procesos de regeneración y desarrollo.

¿Y qué ocurre cuando el organismo dispone de un nivel de energía elevado?

Lo que viví durante la experiencia de 23 días practicando coherencia cardíaca con la manada de caballos fue un estado de coherencia elevado. El campo electromagnético unificado y coherente del corazón de los 14 caballos influyó sobre el pequeño campo electromagnético de mi corazón arrastrándolo a un estado de coherencia que nunca antes había experimentado.

Ese estado de coherencia se iba intensificando día tras día con la práctica. La energía disponible en mi organismo dio paso a los procesos de regeneración y desarrollo, no solo físicos, sino también mentales, lo que repercutió en todos los aspectos de mi vida.

Cuando practicamos coherencia cardíaca con una manada de caballos que viven en coherencia experimentamos una serie de beneficios que son todos los que nos da la práctica de estados de coherencia, pero multiplicados exponencialmente. Veamos algunos de ellos.

Momento eureka: lo subconsciente pasa al consciente

Con un nivel de energía elevado en el organismo, además de obtener un mejor rendimiento físico, la comunicación entre todas las partes de nuestro cerebro es mucho más fluida. Por ejemplo, podemos acceder a nuestra memoria al instante, comparar información almacenada para poder tomar mejores decisiones, enfocar y mantener la atención allá donde elijamos, etc.

Nuestra mente está dividida en mente consciente y mente subconsciente. Pero esa división no es por la mitad. Nuestra mente consciente representa aproximadamente un 5 % de nuestra mente; el otro 95 % está representado por nuestra mente subconsciente.

La mente consciente es la que nos permite enfocar la atención, pensar de forma lógica, analizar y descomponer un problema para entender su estructura y encontrar soluciones, pensar en pasado y en futuro. Es la que se basa en la lógica y la razón, y es la parte de nuestra mente que nos hace conscientes de nuestra realidad.

La mente consciente gasta mucha energía. ¿Has observado cómo te sientes después de un par de horas de estar con la atención completamente enfocada en algo? Por ejemplo, memorizando algo o estudiando. Tu mente consciente ha estado trabajando y consume mucha energía, así que es muy probable que te sientas cansado.

Por suerte tenemos nuestra mente subconsciente, que es la que toma el relevo, aproximadamente el 95 % del tiempo. La mente subconsciente procesa muchísima más información que la consciente. Frente a los 40 estímulos por segundo que procesa la mente consciente, la subconsciente procesa alrededor de 20.000.000 de estímulos por segundo.

La mente subconsciente es donde se encuentra almacenada toda la información. Allí se encuentran todas las experiencias de nuestra vida, desde que nacimos hasta hoy. Es el hogar de las creencias, los hábitos y también de nuestros miedos más profundos. Esta mente solo piensa en presente. Para ella no existe el pasado, ni el futuro, ni tampoco existe el otro. No percibe separación. Es la parte de la mente que examina el mundo que nos rodea, junto con las señales internas, y reacciona de forma inmediata con un comportamiento previamente adquirido.

En la mente subconsciente se encuentran los temas sin resolver, aquellas cosas que hemos ignorado, negado o reprimido sin solventarlas. Esos asuntos, de los que no somos conscientes pueden generar emociones de ansiedad, tristeza, frustración, malestar físico, etc., emociones a las que no encontramos una explicación lógica.

Cuando nuestro cerebro dispone de un nivel elevado de energía, la «barrera» que separa la mente consciente de la subconsciente, que es la mente analítica, es transcendida.

En esos momentos pasa información de la parte subconsciente de la mente a la consciente. Es el «momento ajá» o «momento eureka», en que experimentamos una comprensión de algo que antes resultaba confuso.

Practicar la coherencia cardíaca dentro de una manada de caballos en estado de coherencia nos lleva a experimentar estados de mucha energía en el organismo, en los que aspectos subconscientes pasan a la mente consciente.

Durante la experiencia que tuve con la manada pude resolver algunos asuntos que tenía pendientes en mi vida. Entre ellos uno con el que experimenté una gran liberación.

Durante 3 días, mientras me encontraba practicando coherencia cardíaca con la manada, se habían acercado caballos diferentes y me habían tocado la mano derecha con su cara. Apuntaban a mi mano y la empujaban. El primer día, el día que llegué, fue «Hyperion», 3 días más tarde lo volvió a hacer y ese mismo día también lo hizo una yegua, «Epona». No le di mucha importancia, pero sí me llamó la atención. Un día después, el tercero, lo hizo otra yegua, «Prima».

Durante los días que estuve allí venían grupos de personas a pasar unos días y después otras. Observaba diferentes comportamientos en los caballos que interactuaban con ellas y después descubría que esos comportamientos resultaban tener significados profundos para esas personas. Por ello ese tercer día me pregunté si tendría algún significado el que los caballos me hubieran tocado la misma mano de similar forma 4 veces.

Un día después, de nuevo practicando coherencia, estaba sentada en el suelo, con «Hyperion» tumbado a mi derecha, otra yegua, «Crystal», a la izquierda y otro caballo, «Miro», detrás de mí de pie. En un momento «Miro» suspiró con fuerza y de repente de la nada apareció una imagen en mi mente junto con una palabra. La imagen era mi mano derecha con un cuchillo y la palabra era perdón. Quedé petrificada por un instante. Acto seguido comencé a llorar y ser consciente de lo que significaba.

Doce años atrás me había cortado las venas, y también los tendones de la muñeca izquierda con la mano derecha, en un intento desesperado de salir de la situación de vida que estaba experimentando. Era algo de lo que no había hablado con nadie, más allá de las personas que se enteraron en aquel momento. Fue algo que decidí «olvidar», es decir, reprimir. Y como toda represión, es algo que no desaparece, que sigue activo en la mente. Nunca pensaba en ello de forma consciente; lo había «enterrado» en el pasado durante todos esos años. Pero era algo sin solucionar, que estaba a buen recaudo esperando atención. Creía que como no pensaba en ello, ni hablaba de ello, esa situación había desaparecido sin dejar rastro, que no tenía ninguna consecuencia en mi presente. Pero nada más lejos de la realidad, empezando por que desde aquella experiencia no podía ver un cuchillo con el filo hacia arriba en el escurridor; cada vez que lo veía le daba la vuelta, pues me generaba una emoción agotadora.

Gracias a la experiencia con los caballos, que por cierto no volvieron a tocarme la mano, pude sacar a la luz la situación, prestarle la atención que estaba demandando y redefinirla dándole un nuevo sentido con el que encontré paz. Desde entonces ver un cuchillo con el filo hacia arriba en un escurridor me resulta indiferente.

Todavía no puedo explicar porqué los caballos tocaron mi mano. Sé que tiene su explicación en la ciencia, aunque todavía la desconozco. Durante las semanas que compartí con la manada, y a lo largo de estos años trabajando con personas y caballos, me he encontrado con muchas situaciones en las que los caballos apuntan a una parte del cuerpo de una persona y ese lugar tiene un significado profundo para ella. Estas situaciones no tienen que ver con las proyecciones mentales que tienen lugar en las sesiones de *coaching* con caballos.

En las sesiones de *coaching* con caballos los equinos también actúan como metáforas y se adaptan a las proyecciones mentales que las personas plasman en ellos. Todos aquellos aspectos inconscientes que en nuestra mente disponen de energía elevada los proyectamos fuera, en situaciones, personas o caballos, si estamos haciendo una sesión de *coaching* con ellos.

He observado que los caballos parecen saber en qué parte del cuerpo se representa para nosotros la energía que tenemos asociada a una situación. Y también he podido ver como los caballos se acercan a partes del cuerpo donde existe un desequilibrio, una lesión o un dolor.

Salud: equilibrio de la energía del cuerpo

Uno de los días que pasé con la manada tuve un episodio de migraña. Hacía ya muchos años que no experimentaba episodios incapacitantes, pero en aquella época todavía había algunos días sueltos en que aparecía el dolor. Solo tenía que tomar el analgésico para que se calmara, pero tenía que hacerlo cuando acababa de empezar. Si no lo tomaba rápidamente ya no hacía efecto.

Ese día empecé a notar algo de dolor mientras estaba con la manada. No tenía el analgésico a mano; lo había dejado en la tienda de campaña donde dormía. Tardaría unos 30 minutos en ir y volver, así que decidí esperar un poco a ver si era una «falsa alarma» y desaparecía. Pero lejos de desaparecer, el dolor se empezó a intensificar en toda la parte izquierda de la cabeza y en el ojo izquierdo. Era el momento de ir a buscar la pastilla. Desde que experimenté la primera migraña, a los 17 años, nunca se me había pasado el dolor de cabeza sin tomar nada; al revés, siempre se había intensificado hasta llegar a niveles muy desagradables.

Estaba sentada con los ojos cerrados intentando enfocarme en la respiración, pero como no estaba dando resultado me dispuse a ir a por la pastilla. Abrí los ojos y vi a dos caballos justo delante de mí, «Magic» y «Picasso». En el momento en el que los vi sentí que debía quedarme y ver qué pasaba, así que cerré los ojos. Intenté enfocarme en la respiración, pero el dolor se intensificaba cada vez más y ya empezaba a sentir un poco de ansiedad. Decidí de nuevo ir a por la medicina. Abrí los ojos y me encontré con la cara de la yegua «Magic» justo enfrente de mi rostro. En ese momento la intuición me dijo «espera» y volví a cambiar de opinión, cerré los ojos y me concentré en la respiración. Pasó un rato, y un caballo (después me dijeron que era «Thor», un potrito) empezó a removerme el pelo en la parte izquierda de la cabeza, por detrás de mí; yo seguía con los ojos cerrados. Después otro caballo se tumbó encima de mis pies. Un rato después noté que el caballo que tenía a mis pies se levantaba. Al cabo de otro rato «Magic» se estaba rascando en el pilar de madera que sostenía el asiento donde estaba sentada. Abrí los ojos. Entonces me di cuenta de que el dolor de cabeza había desaparecido. Me puse a llorar. Eso era algo increíble. Desde que tenía 17 años nunca se me había pasado un dolor de cabeza sin tomar una pastilla; cuando no tomaba nada siempre iba a peor.

El nivel de energía que estaba experimentando dentro de un gran campo electromagnético integrado por el corazón de 14 caballos en coherencia equilibró la energía de mi organismo.

Una vez más no sé el porqué del potro removiéndome el pelo en el lado izquierdo de la cabeza. Durante los días que estuve allí no le vi hacer eso con nadie, tampoco lo repitió conmigo. Es más, no le había visto ni siquiera hacer lo que hacían los demás caballos, pues no solía interactuar con las personas como los demás.

En aquellos días pude ver como los caballos se acercaban a la rodilla operada de una mujer y respiraban sobre ella. También como una yegua que había perdido un potro se acercaba varios días seguidos a una mujer que había perdido a su hijo.

En el trabajo de *coaching* con caballos que realizo puedo ver escenas como estas constantemente. Todavía no tengo explicación para ello, pero estas cosas pasan y las personas que nos dedicamos a esto tenemos la fortuna de poder verlo.

Desbloqueo de emociones

En Inglaterra estuve trabajando en una escuela muy especial. Era una escuela con caballos para jóvenes adolescentes con discapacidad intelectual. La formación duraba 3 años y los alumnos residían allí durante ese tiempo, exceptuando las épocas de vacaciones.

El objetivo de la escuela era que los alumnos se volvieran más independientes y pudieran integrarse mejor en la sociedad, aprendiendo a través de los caballos. Entre semana de 9:00 a 17:00 h los alumnos aprendían lengua, matemáticas, cuidados personales, normas sociales, etc., todo ello a través de los caballos. Después se dirigían a la residencia, donde trasladaban los aprendizajes adquiridos con los caballos a su vida cotidiana.

Allí fui testigo de algunos «milagros» que ejercían los caballos sobre aquellos adolescentes. El año que entré a trabajar entraron unas gemelas de 19 años. No hablaban; se comunicaban con sus padres mediante pictogramas. El grado de dependencia que tenían era tal que sus padres les cepillaban los dientes. 9 meses más tarde las dos se comunicaban con algunas palabras, se lavaban los dientes solas, hacían la cama y cada vez con menos ayuda, realizaban todas las actividades con los caballos: cepillarlos, montar, limpiar el equipo, las cuadras, los *paddocks*, etc.

Había otra niña que casi todas las mañanas iba directa hacia un caballo, «Murphy», que tenía 27 años en aquel momento, lo abrazaba y se ponía a llorar. Tras un par de minutos se recomponía por completo y la mayoría de los días continuaba alegre su mañana.

....

Uno de los efectos que ejerce el campo electromagnético coherente del corazón de los caballos sobre las personas es el desbloqueo de emociones reprimidas.

....

Muchas veces acuden personas a las sesiones de *coaching* que no han tenido contacto con caballos, y en el primer contacto con ellos se les saltan las lágrimas. Por lo general, no saben describir qué les está ocurriendo, pero todas coinciden en que tras llorar se sienten muy bien.

Cuando practicamos coherencia cardíaca con caballos este efecto se potencia. Las emociones reprimidas se desbloquean y dejan de generar incoherencia en nuestro sistema interno.

Las emociones reprimidas, además de salir sin previo aviso en los momentos más inconvenientes, pueden generar problemas físicos como dolores de cabeza, insomnio, tensión muscular, problemas digestivos, fatiga, etc. debido a la acumulación de tensión emocional no procesada. La práctica de coherencia cardíaca con caballos ayuda a liberar esa tensión y restablece el equilibrio interno del cuerpo.

Acceso a la intuición

**La intuición es nuestra sabiduría interna.
Es la habilidad más natural y universal del ser humano; todos la tenemos.**

La conciencia tiene dos formas de procesar la información: intelectual e intuitivamente.

La parte intelectual es la parte de la lógica y el razonamiento. Está muy valorada en la sociedad en la que vivimos. La lógica y la razón obtienen recompensas; por ello nuestra sociedad está mucho más enfocada en desarrollar esta parte.

La parte intuitiva es aquella que va más allá de la lógica; obtiene la información directamente, sin pasar por los procesos estándares del pensamiento. Esta parte está mucho menos valorada en nuestra sociedad; de hecho en algunos contextos hasta se niega su existencia.

Según la RAE, la intuición es la capacidad de comprender las cosas instantáneamente, sin necesidad de razonamiento, la percepción íntima e instantánea de una idea o una verdad que aparece como evidente a quien la tiene.

¿Alguna vez has sentido que alguien te estaba mirando y te has girado a comprobarlo y, efectivamente, te estaban observando? ¿Alguna vez te has acordado de alguien a quien hace mucho tiempo que no ves y ese mismo día o al día siguiente te ha llamado por teléfono? Si te ha pasado algo parecido, querido lector, es que tienes intuición.

Hay diferentes tipos de intuición, pero todas ellas tienen algo en común: se desarrollan a partir de estados de coherencia cardíaca. Los niveles elevados de energía en el organismo son los que promueven el desarrollo del organismo y también afinan nuestra intuición.

Imagina que pudieras acceder a todo el conocimiento que has ido acumulando durante toda tu experiencia de vida: ¿a cuántas preguntas les encontrarías respuesta? A muchas, ¿verdad? Pues eso es lo que ocurre cuando practicamos coherencia cardíaca dentro de una manada de caballos en coherencia.

En un estado de coherencia elevado, nuestra parte intelectual y la intuitiva trabajan juntas.

No todo lo que aparece en nuestra conciencia es agradable, pues se presenta lo que hay. Surgen esas cosas y cositas que tenemos pendientes. Eso que vamos aplazando porque apoyándonos en el razonamiento y la lógica no encontramos una solución que nos convenza. En un estado de coherencia elevado, cuando aparece la pregunta la respuesta es inmediata. Nuestra parte intelectual trabaja en conjunto con la intuitiva y aparecen las soluciones creativas a los problemas reales.

Cuando surge un «problema» la solución siempre viene con él.

Generalmente no somos conscientes de ello. A simple vista, o bien no vemos la solución, o si la vemos no nos lo parece.

Practicando coherencia cardíaca dentro de una manada de caballos en coherencia las preguntas que surgen gozan de respuestas inmediatas.

Pero la intuición es mucho más que dar respuestas a problemas desde un estado de coherencia elevado: el pensamiento creativo también se dispara.

Una manada de caballos en coherencia nos arrastra al presente.

La inspiración surge del presente. El pensamiento creativo surge del presente. Nuevas ideas, nuevos proyectos, nuevas formas de ver la vida. Este es, en mi opinión, uno de los efectos más bonitos de la coherencia cardíaca con caballos.

Durante la experiencia con la manada encontré multitud de respuestas a multitud de preguntas, pero de todo aquello surgieron también deseos y sueños. Una parte de uno de ellos se está cumpliendo ahora con este libro: expandir el valor que tienen los caballos para las personas, aunque hubo otros que vinieron mucho antes.

El primero que se cumplió fue organizar un retiro con caballos para que las personas pudieran experimentar su «magia» durante 4 días seguidos. Entonces todavía no había hecho ningún retiro; no sabía cómo organizarlo ni tampoco si las personas se iban a apuntar. Pero la visión que tuve uno de los días con la manada fue tremendamente clara. Así que nada más volver del viaje llamé a una masía que conocía cerca de Valencia y la alquilé completa para Semana Santa; era temporada alta y la única opción que me dieron fue el alquiler completo. Cuando llegó Semana Santa, los dueños de la masía tuvieron que habilitar la sala de masajes como habitación porque se apuntaron 3 personas más de las que cabían en las habitaciones. Aquel retiro fue el primero de unos cuantos en aquella masía.

La confianza, la seguridad y la libertad que se obtienen al desarrollar nuestra intuición marcan un antes y un después en nuestra vida.

Cuanto más tiempo pasemos practicando coherencia dentro de una manada de caballos en coherencia y cuantos más caballos haya en la manada más nos beneficiaremos del acceso a nuestra intuición.

Cuanto más tiempo estemos en coherencia, mayor energía. Cuantos más caballos en coherencia, mayor campo electromagnético coherente.

Resumiendo…

Practicar coherencia cardíaca dentro de una manada de caballos en coherencia nos provee de todos los beneficios que nos aporta la práctica de coherencia cardíaca multiplicados exponencialmente:

- Permite que nuestro subconsciente surja al consciente, con lo que podemos experimentar momentos «eureka» que nos proporcionan una comprensión de algo que anteriormente no entendíamos.
- Nos aporta salud al equilibrar nuestro cuerpo, aportando energía a nuestro organismo.
- Las emociones reprimidas que generan incoherencia en el organismo se desbloquean.
- Accedemos a nuestra sabiduría interna a través de la intuición. Encontramos respuestas inmediatas a nuestras preguntas.
- Nos arrastra al presente. Surge la inspiración y nuestra creatividad se dispara.

Cuanto más tiempo pasemos practicando coherencia dentro de una manada de caballos en coherencia, y cuantos más caballos haya en la manada más nos beneficiaremos de todos estos efectos.

CAPÍTULO 10

El verdadero valor de los caballos para las personas

Lo que ves en un caballo es el reflejo de ti mismo.

Los caballos nos descubren nuestra propia sabiduría interior.

Su mensaje para nosotros bien podría ser que todos somos uno, que todos vivimos bajo el mismo cielo, todos caminamos la misma tierra que nos sirve de hogar, alimento y disfrute.

Los caballos nos demuestran esta verdad con hechos cuando nos aceptan como uno más al introducirnos en su manada. No hacen distinción; para ellos somos igual que lo son otros caballos. No reaccionan a si somos humanos o caballos; solo responden a nuestra energía, nuestra coherencia o incoherencia.

Ellos nos enseñan amor. Nos muestran lo que significan la aceptación, la coherencia y la colaboración.

Los caballos tienen algo muy valioso que enseñarnos: que la vida es relación, que las relaciones incoherentes generan sufrimiento y frenan la evolución, que las relaciones coherentes son las que generan alegría, bienestar y más amor. Que las relaciones coherentes dan sentido a la vida.

Los caballos nos muestran nuestros comportamientos y nuestra energía. Están en el presente prácticamente el 100 % del tiempo, mientras nosotros apenas lo estamos un 5 %. Cuando nos relacionamos con ellos reflejan nuestros comportamientos y emociones, esos de los que no somos conscientes el 95 % del tiempo.

Los caballos ven en nosotros lo que nosotros no estamos viendo de nosotros mismos.

Un ser que te acepta, no te juzga y que constantemente te brinda amor, te está viendo y te muestra lo que ve… ¿Eres consciente de la grandiosidad de este regalo?

Aprender a comunicarse con un caballo es conocerse a uno mismo. Conocerse a uno mismo es saber lo que uno desea de corazón. El deseo de corazón es el verdadero deseo, el deseo que colma, el deseo que te expande y te hace sentir pleno. El deseo de corazón viene del amor, no viene del miedo, no viene del «si no lo consigo entonces no valgo, si no valgo no me quieren, si no me quieren no podré sobrevivir en este mundo…». Un deseo de corazón no proviene del ego, de la separación, de querer ser especial o ser algo que uno no es. Un deseo de corazón viene de tu esencia, de lo que ya eres, y expande tu experiencia hacia la evolución. Un deseo de corazón cumplido nunca deja un vacío, solo deja plenitud.

**Cuanto más se conoce uno a sí mismo más sentido
cobra la vida entera.**

Tomemos ese regalo que los caballos nos brindan, tomemos ese impulso que nos libera y hace que vivamos una vida mucho más plena.

Tomar su regalo es comunicarnos con ellos desde la coherencia, comprenderlos y amarlos, agradecerles y honrarlos.

**Tomemos su regalo, porque tomar su regalo es regalarles
su esencia.**

**Aprender a relacionarse con un caballo es aprender a relacionarse
con la vida.**

Gracias, querido lector, por haber leído estas páginas. Gracias, querido lector, por tu voluntad de conocer a los caballos. Gracias, querido lector, por ser y por dejarles ser lo que son.

¿Te apetece profundizar en el conocimiento de la Coherencia Cardíaca?

Escanea este QR, cuéntanos que te ha parecido el libro y recibe una *masterclass* de coherencia cardíaca para visualizar cuando quieras.

KOLIMA
BOOKS